RECHERCHES

SUR LA

DISTILLATION DES VINS

ET LES APPAREILS DISTILLATOIRES

PAR

Henri DELPRAT

BORDEAUX

IMPRIMERIE G. GOUNOUILHOU,

11, RUE GUIRAUDE, 11

1874

RECHERCHES

SUR LA

DISTILLATION DES VINS

ET LES APPAREILS DISTILLATOIRES

PAR

HENRI DELPRAT

BORDEAUX

IMPRIMERIE G. GOUNOUILHOU,

11, RUE GUIRAUDE, 11

1874

RECHERCHES

DISTILLATION DES VINS

ET LES APPAREILS DISTILLATOIRES

CHAPITRE Ier.

(**1**) Les recherches qui font l'objet de cet écrit ont un caractère général, mais s'appliquent plus particulièrement aux appareils distillatoires employés à la distillation des vins de l'Armagnac ou des contrées environnantes.

Ces vins, suivant les années ou les conditions de culture des vignes qui les produisent, ont une richesse alcoolique comprise entre 7 et 13 0/0 d'alcool pur évalués à la température de 15° centigrades.

M. Gay-Lussac, dont le nom est inséparable de toutes les questions qui ont trait à l'alcool, a admis que pour extraire tout l'alcool que renferme un vin ordinaire, il suffisait de vaporiser le tiers en volume de ce vin.

Cette règle n'est vraie que dans une limite restreinte, car à mesure que la richesse alcoolique du liquide s'élève, il faut élever la proportion du volume distillé, si bien qu'à la fin, si l'on n'avait à traiter que de l'alcool pur, il faudrait vaporiser l'ensemble du liquide.

J'ai cherché une formule plus générale et qui consiste en ceci : que pour extraire tout l'alcool contenu dans un liquide il faut vaporiser les 0,29 à 0,30 du volume d'eau *réel* contenu dans ce liquide plus le volume d'alcool, le volume total vaporisé étant apprécié à la température de 15° centigrades.(Voir *Note 1,* p. 66.)

Ainsi le volume d'un liquide à 7 0/0 alcool étant 1, le volume total, la contraction détruite (¹), serait 1,005 et le volume d'eau 1,005 — 0,07 ou 0,935 dont les 0,30 sont 0,2805 ; joignant les 0,07 alcool l'on a le volume réel 0,3505 qui, par la contraction, se réduirait au volume apparent de 0,343.

Prenant l'autre extrémité de l'échelle, c'est-à-dire un liquide à 13 0/0 alcool, le volume réel serait ici 1,009 et par conséquent le volume d'eau 0,879 dont les 0,30 sont 0,2637 qui, joints aux 0,13 alcool, produiront 0,3937 qui se réduisent par la contraction au volume apparent 0,380.

Pour les vins les plus faibles il faudrait donc distiller les 0,343 du volume et les 0,380 des plus forts pour en extraire tout l'alcool, mais les dernières parties vaporisées, surtout pour les vins faibles, ne contenant que des quantités insensibles d'alcool, on peut conclure que la règle de M. Gay-Lussac peut s'appliquer aux vins ordinaires.

L'examen du tableau ci-joint fera comprendre la méthode que j'ai suivie pour établir la loi de 0,29 à 0,30 dont il vient d'être question, relative au volume de liquide qu'il est nécessaire de vaporiser pour en extraire tout l'alcool.

La première colonne exprime les volumes de liquides soumis à l'expérience et qui ont été constamment de 4000 parties ou mieux de 4000 centimètres cubes ; la seconde exprime les volumes réels, la troisième les volumes d'alcools, dépendants des titres insérés dans la

(¹)

TABLEAU DES CONTRACTIONS

QUANTITÉS D'ALCOOL (en volumes) contenu dans 100 parties.	CONTRACTION en centièmes du volume de la liqueur.	QUANTITÉS D'ALCOOL (en volumes) contenu dans 100 parties.	CONTRACTION en centièmes du volume de la liqueur.
100	0.00	50	3.745
95	1.18	45	3.640
90	1.94	40	3.44
85	2.47	35	3.14
80	2.87	30	2.72
75	3.19	25	2.24
70	3.44	20	1.72
65	3.615	15	1.20
60	3.73	10	0.72
(*) 55	3.77	5	0.31

(*) C'est-à-dire que 48.77 eau et 55 alcool = 103 parties 77 se réduisent à 100. Cette réduction est la contraction.

TABLEAU qui sert à faire reconnaître les pertes en alcool relatives aux vaporisations de proportions successives des volumes d'eau réels contenus dans les volumes totaux de liquides alcooliques offrant les titres compris entre 2 et 20 0/0 alcool pur.

VOLUME TOTAL apparent.	VOLUME réel.	VOLUME d'alcool.	TITRE du liquide essayé.	VOLUME d'eau réel.	VOLUME apparent de chaque preuve.	VOLUME réel de chaque preuve.	VOLUME d'alcool de chaque preuve.	TITRE de chaque preuve.	SOMME des volumes successifs réels.	SOMME des volumes successifs d'alcool.	SOMME des volumes d'eau successifs.	Coefficient de vaporisation.	PERTE.
gramm.													p. %
4000	4000	80	0.02	3920	138.5	141.16	30.33	0.2190	141.16	30.33	110.83	0.028	62
					138	139.66	20.42	0.1480	280.82	50.75	230.07	0.058	36.6
					139	139.66	10.70	0.0770	420.48	61.45	359.63	0.091	23.2
					140	140.56	8.40	0.0600	561.04	69.85	491.19	0.125	12.7
					142	142.00	4.97	0.035	703.04	74.82	628.22	0.160	6.5
					139	139.00	3.89	0.028	842.04	78.71	763.33	0.197	1.6
					139.50	139.50	1.29	0.0092	981.50	80.00	901.50	0.23	0.00
4000	4019	280	0.07	3739	138	145.00	71.35	0.517	145.00	71.35	73.65	0.019	74
					136	140.80	59.02	0.434	285.80	130.37	145.43	0.0349	54
					138.50	143.00	49.37	0.3565	428.80	179.74	249.06	0.0665	37
					139.50	142.76	36.27	0.260	571.56	216.01	355.55	0.095	24
					141.50	144.00	27.31	0.193	715.56	243.32	472.24	0.126	14.5
					138.50	140.00	18.35	0.1325	855.56	261.67	593.89	0.159	8.0
					139.00	139.75	12.09	0.087	995.31	273.76	721.55	0.193	3.8
					137.50	138.00	6.19	0.045	1133.31	279.95	853.36	0.228	1.7
					138.50	138.50	4.81	0.035	1271.81	284.76	787.05	0.265	0.00
					140.00	140.00	0.00	0.000	1411.81	284.76	1127.05	0.000	0.00
4000	4025.60	367.49	0.09187	3658.11	140.00	145.26	75.60	0.54	145.26	75.60	69.66	0.019	79
					137.50	142.53	64.63	0.47	287.79	140.23	147.56	0.043	60
					140.00	144.87	57.40	0.41	432.66	197.63	235.03	0.064	46
					141.50	145.64	48.52	0.3436	578.30	246.15	332.15	0.0908	33
					144.00	149.20	41.47	0.2880	727.50	287.62	439.88	0.1200	21
					138.50	141.00	29.56	0.2135	868.50	317.18	551.32	0.1500	13.7
					142.00	143.63	20.59	0.1450	1012.13	337.77	674.36	0.184	8
					137.00	137.98	13.84	0.101	1150.11	351.61	798.50	0.22	4.3
					141.50	142.06	8.63	0.061	1292.17	360.24	931.93	0.254	2.00
					145.00	145.45	7.25	0.5	1437.62	367.49	1070.13	0.29	0.00
4000	4032.80	440	0.11	3592.80	144.00	149.34	87.84	0.61	149.34	87.84	61.51	0.017	80
					138.00	143.19	76.87	0.5570	292.53	164.71	127.82	0.035	62.5
					140.00	145.25	70.28	0.5020	437.78	234.99	202.79	0.057	46.5
					141.00	146.00	59.71	0.4235	582.78	294.70	289.08	0.08	32.5
					143.50	147.77	47.78	0.3330	731.55	342.48	389.07	0.108	22.1
					139.50	142.70	35.57	0.2455	874.25	378.05	496.20	0.138	14
					139.50	141.47	24.62	0.1765	1015.72	402.67	613.05	0.17	8.4
					139.00	140.28	16.40	0.1180	1156.00	419.07	736.93	0.205	4.7
					139.00	139.78	10.91	0.0785	1295.78	429.98	865.80	0.24	2.3
					140.00	140.92	6.81	0.0485	1436.70	436.79	999.91	0.28	0.73
					90	90	2.70	0.03	1526.70	439.40	1087.30	0.29	0.14
4000	4040	520	0.13	3520	141	146.10	92.64	0.657	146.10	92.64	53.46	0.0152	82.3
					138.5	143.69	86.42	0.624	289.70	170.05	108.74	0.0309	66
					138.5	143.60	80.05	0.5780	433.89	259.10	174.29	0.0495	50.7
					140	145.26	73.08	0.5220	578.65	332.18	246.47	0.0700	36.8
					142.5	147.35	63.00	0.4420	726.00	395.18	330.82	0.0940	24.8
					139.50	143.39	49.94	0.3580	869.39	445.12	424.27	0.1200	15.3
					139.00	142.33	33.56	0.2400	1011.72	478.68	533.04	0.1510	9.00
					139.50	141.31	22.16	0.1660	1153.03	506.84	752.19	0.213	4.09
					142.00	143.15	15.47	0.1090	1296.18	516.31	879.83	0.2119	1.08
					139.50	139.93	7.11	0.051	1436.11	523.41	1012.70	0.288	0.4
					119.50	119.50	2.39	0.02	1555.61	525.80	1129.81	0.300	0.00
4000	4068.80	800	0.20	3268.80	146.00	150.95	106.29	0.7280	150.95	106.29	44.66	0.0133	86.7
					147.50	152.35	106.20	0.72	303.30	212.49	90.81	0.027	73.4
					150.50	155.37	106.85	0.71	458.67	319.34	129.33	0.039	60
					148.00	155.72	100.20	0.6770	614.39	419.54	194.85	0.059	47.5
					150.50	156.00	94.60	0.6286	770.39	514.14	256.25	0.0783	35.7
					151.50	157.19	82.11	0.5420	927.58	596.25	337.33	0.103	25.46
					149.00	154.45	68.24	0.4580	1082.03	664.49	417.59	0.127	16.9
					150.00	154.48	52.20	0.3480	1236.51	716.69	519.82	0.158	10.4
					153.50	156.44	34.38	0.2240	1392.95	751.07	641.88	0.192	6.11
					152.00	153.67	21.12	0.1390	1536.62	772.19	774.43	0.236	3.47
					247.50	248.64	18.06	0.0703	1795.26	770.25	1005.01	0.30	1.2

quatrième ; la cinquième colonne renferme les volumes réels d'eau ; la sixième, les volumes fractionnaires apparents distillés ; la septième, ces mêmes volumes augmentés des contractions ; la huitième, les volumes d'alcool relatifs à chaque preuve fractionnaire ; la neuvième, les titres de chaque preuve ; la dixième, les sommes successives des volumes réels fractionnaires ; la onzième, les sommes successives des volumes d'alcool ; la douzième, les sommes successives des volumes réels d'eau distillée ; la treizième, les coefficients de vaporisation des volumes d'eau, c'est-à-dire les résultats de la comparaison des nombres de la colonne douze avec ceux de la cinquième ; enfin la quatorzième colonne renferme les expressions des pertes en alcool ou plutôt les quantités d'alcool laissées dans la chaudière à la fin de chaque preuve, ces expressions sont d'ailleurs le résultat de la comparaison des nombres de la onzième colonne avec ceux de la troisième.

Il est facile de comprendre à l'examen de ce tableau que les liquides qui ont servi aux expériences ont été distillés par preuves successives : chaque preuve a été évaluée en volume et pesée. On a pu suivre ainsi les progrès successifs du dégagement de l'alcool et apprécier, à chaque point où l'on était parvenu, le volume d'alcool entraîné et par conséquent celui laissé dans la chaudière et reconnaître la perte en alcool répondant à la proportion d'eau vaporisée. On peut remarquer que, pour tous les liquides, les pertes relatives s'approchent d'être les mêmes pour les mêmes coefficients de vaporisations, mais tendent à augmenter à mesure que les richesses des liquides augmentent. Dans tous les cas, lorsque les coefficients arrivent à 0,30 ou s'approchent de 0,30, tout l'alcool est dégagé. Pour le premier liquide le dégagement paraît être complet avant le coefficient 0,30. Cela tient à ce que, vu la faiblesse de la richesse initiale du liquide, les dernières parties, même déjà lorsqu'on a atteint le coefficient 0,23, n'accusent plus d'alcool avec les instruments dont on peut faire usage. Lorsque, au contraire, les liquides sont riches, le dernier par exemple de la série, il semble qu'une légère quantité d'alcool reste encore dans le liquide, même pour le coefficient 0,30. Cela tient à ce que pour ces liquides il est très difficile d'empêcher au début l'entraînement mécanique de quelques particules d'eau qui apparaissent dans le volume total et qui n'ont pas subi l'acte de la vaporisation ; de sorte que le coefficient qui paraît être de 0,30 ne serait pas encore arrivé à ce point par l'effet de la vaporisation, alors cependant que par la comparaison du volume il l'a réellement atteint.

Cette règle touchant la vaporisation des liquides alcooliques, et qui est déduite de l'expérience, pourrait être confirmée par le raisonnement suivant et acquérir ainsi un plus grand degré de force et de vérité.

On sait qu'on entend par unité de chaleur ou calorie, la quantité de chaleur nécessaire pour élever de zéro à 1° du thermomètre centigrade 1 kilog. d'eau, ou à très peu près pour élever d'un degré de température 1 kilog. d'eau dans le parcours de l'échelle de zéro à 100. On verra par la suite qu'un litre d'eau vaporisé en contact de l'alcool dans les vins ordinaires renferme à très peu près dans la vapeur qui en résulte 546 calories, et la vapeur d'un litre d'alcool 164 calories; or, lorsqu'un liquide alcoolique va bouillir, chacune de ses parties est un mélange d'eau et d'alcool en proportions qui conviennent à la température de cette partie; l'ensemble de l'eau participe au mélange. Si une de ces parties perd son alcool, l'eau restante ne bouillira plus, ne produira plus de vapeur tant qu'il restera de l'alcool dans la chaudière; ainsi successivement, l'action de la chaleur se portera sur les parties qui conserveront de l'alcool sans que l'eau qui a perdu son alcool puisse produire de nouvelle vapeur, et cela jusqu'à ce que tout l'alcool soit sorti. En d'autres termes, toute l'eau participera successivement à l'ébullition mais n'y participera qu'une fois jusqu'à ce que tout l'alcool soit dégagé. Mais que se passe-t-il dans chaque partie soumise ainsi à l'ébullition? La chaleur latente d'un litre d'alcool étant 164 calories à très peu près, dans les conditions où nous nous plaçons ici, si K est le petit volume d'alcool contenu par litre d'eau de la partie considérée, 164 K exprimera la quantité de chaleur, plus ou moins rapide, qui vient se mettre en présence du volume K de liquide pendant que l'alcool sort, chaleur qui, d'ailleurs, passe à l'état latent; donc pour un litre d'eau de la partie en question il viendra se mettre en présence du litre d'eau un nombre de fois 164 K représenté par $\frac{1}{K}$ ou bien 164 $K \times \frac{1}{K}$ ou plutôt 164 calories, et si M est le volume d'eau du liquide total, la quantité totale de chaleur qui passera dans le volume total d'eau sera 164 M. Mais cette chaleur passe dans l'eau à l'état latent, il faudra donc diviser 164 M par 546 pour avoir l'expression du volume d'eau vaporisé pendant que l'alcool se dégage, mais $\frac{164}{546}$ égale précisément 0,30.

(**2**) Les notions qui précèdent nous ont servi à entrer en matière, mais doivent être complétées par celles qui paraissent se rattacher plus particulièrement à la distillation et servir au calcul des diverses pièces qui constituent les appareils distillatoires.

L'alcool bout à 78°4; sa densité à 15° est 0,802, l'eau étant 1; sa chaleur spécifique est 0,6148. Un litre d'alcool à 15° pèse donc 0ᵏ802 qui renfermeraient au moment de l'ébullition si la chaleur spécifique de l'alcool était la même que celle de l'eau (78°04) 0;802 calories ou bien 62ᶜ87. Mais comme la chaleur spécifique de l'alcool n'est pas 1, mais 0,6148, il faudra multiplier ce nombre 62,87 par 0,6148 et l'on aura 38ᶜ65 exprimant le nombre de calories renfermées dans un litre d'alcool pur au moment où il va bouillir sous la pression atmosphérique ordinaire.

Il sera utile de connaître les points d'ébullition des divers liquides alcooliques dont les richesses sont comprises entre zéro et 100. J'ai cherché une courbe destinée à la détermination de ces points d'ébullition. Les abcisses représentent les richesses depuis 0 jusqu'à 100. Le

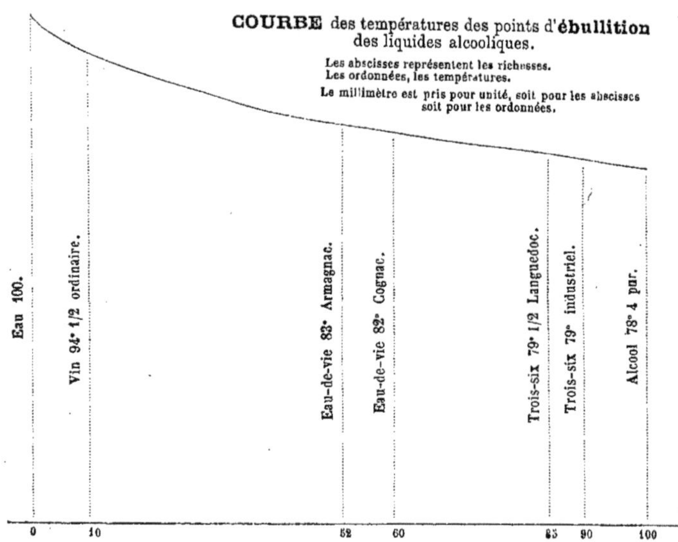

millimètre sera le degré alcoométrique centésimal. J'ai formé divers liquides à des degrés alcoométriques soigneusement déterminés, et, au moyen d'un bon thermomètre centigrade, j'ai apprécié les points d'ébullition de ces liquides ; portant alors les richesses représentées par une ouverture de compas d'un nombre de millimètres égal à la richesse, puis élevant à chaque point de division des ordonnées égales aussi en millimètres aux nombres de degrés du thermomètre relatifs aux points d'ébullition trouvés, j'ai pu former la courbe dont il s'agit et qui est ici représentée : de sorte que si l'on veut connaître le point d'ébullition d'un liquide d'une richesse connue, on portera la représentation de cette richesse à partir de zéro sur la ligne des abcisses et l'on élèvera à l'extrémité de cette longueur une ordonnée, le nombre de milllimètres de cette ordonnée sera le nombre de degrés centigrades exprimant le point d'ébullition.

(**3**) La quantité de chaleur latente renfermée dans la vapeur provenant d'un kilog. d'alcool est exprimée, d'après M. Despretz, par 207 calories, par conséquent $207 \times 0,802 =$ ou 166 représentent la chaleur latente relative au litre d'alcool. De sorte que la quantité totale de chaleur renfermée dans la vapeur provenant d'un litre d'alcool pur pris à zéro sera $166 + 38,65 = 204^{cal}\cdot65$.

D'après M. Regnault, la quantité de chaleur latente renfermée dans la vapeur provenant d'un litre d'eau vaporisé à la température T sera représentée par $606,5 + 0,305T$. Or, lorsque le vin ordinaire commence à bouillir, sa température est environ 94°, à la fin de l'opération cette température est 100, la moyenne sera 97°, mais le premier produit dégagé accuse un titre alcoométrique en général au-dessus de 52 pour 100, et la vapeur saturée de ce produit devra être à la température de 83° ; quant aux dernières portions du produit, les vapeurs en sont bien saturées à la température de 100°. La moyenne température de saturation serait donc la moitié de 183 ou 91,5, la moyenne température réelle est 97.

Cependant l'examen attentif du tableau des vaporisations exposé ci-dessus doit porter à penser que la moyenne température des vapeurs provenant des liquides soumis à la distillation ne dépasse pas 87° entre 97 et 87 ; il y a donc 10 degrés qui se sont interposés dans la vapeur d'eau pour la dilater et qui correspondent à 4 calories 75 pour la vapeur d'un litre d'eau. La chaleur spécifique de la vapeur d'eau est en effet 0,475. Ainsi la température réelle de la vapeur du litre d'eau pendant la distillation serait 97 et le nombre de calories aurait pour expression $606,5 + 0,305.87 + 4,75$ ou 637,79, la chaleur latente serait alors $637,79 - (87 + 4,75) = 546,04$, ce qui veut dire qu'il faudrait d'abord enlever 4^c75 à la vapeur pour que la condensation commençât à s'opérer et puis 546^c04 pour qu'elle fût effectuée ou bien en tout 550,79.

Quant à l'alcool, puisqu'il sera vaporisé à la température moyenne de 87°, c'est-à-dire à 8°60 au-dessus de son point d'ébullition (78°4) considéré seul, on peut bien admettre qu'il existe une proportionnalité, d'un côté, entre la chaleur latente de l'eau vaporisée à 100 et celle de l'eau vaporisée à 108,6 de l'autre entre la chaleur latente de l'alcool vaporisé à 78°4 et la chaleur latente de l'alcool vaporisé à 87°, quantité de chaleur que je représente par x. On aurait donc $\dfrac{537}{531,02} = \dfrac{166}{x}$.

L'on trouve $x = 164$. Nous nous sommes déjà servi des nombres 546 et 164; nous reviendrons plus loin sur cette question.

CHAPITRE II.

(4) Les volumes et les densités des vapeurs doivent aussi jouer un rôle dans le calcul des diamètres des tubes par où doivent passer ces vapeurs et il faut indiquer les moyens de les apprécier :

On fera pour cela usage des formules connues

$$V = \frac{V'(1 \times 0,00368\,T)\,P'}{(1 \times 0,00368\,T')\,P} \qquad D = \frac{D'(1 \times 0,00368\,T')\,P}{(1 \times 0,00368\,T)\,P'}$$

dans lesquelles V', D' sont des volumes et densités connus pour la température T' et la pression P', V, D étant les volumes et densités cherchés pour les températures et pression T et P.

En général, dans les chaudières d'appareils distillatoires, la température pourra s'élever au maximum à 102,50 et la pression à 0^m8287 en mercure : ce sera T et P. Or, si l'on part de $P' = 0,76$ et $T' = 100$, $D' = 0,455$, $V' = 1696$, pour la vapeur d'eau l'on trouve $V = 1224,24$, $D = 0,492$, et le poids du litre de vapeur sera 0^g639.

Dans certaines parties des appareils la pression pourrait être encore au-dessus de 0^m76, à 0^m78 par exemple, et la température pourrait être réduite à 86°, partant encore des mêmes bases pour $T'V'D'$, l'on trouverait $V = 1589,15$, $D = 0,484$, le poids du litre de vapeur serait

0^g629 parce que le poids du litre d'air à zéro dont la densité est prise pour unité est 1^g30, l'on a donc ici 1^g30 × 0,484 = 0^g629.

Quant aux vapeurs d'alcool, on trouve dans le *Traité de chimie appliqué aux arts,* de M. Dumas, édition de 1835, tome V, page 463, qu'un litre d'alcool bouillant donne 488'3 de vapeur, celle-ci étant évaluée à la température de 100°. Je ferai trois suppositions pour la température de la vapeur : l'une à 95, l'autre à 90, la troisième à 85, il est inutile d'en faire une pour la température de la chaudière dans laquelle on peut supposer qu'il n'existe pas d'alcool.

Faisant usage des formules précédentes, on aura pour les trois cas : V' = 488,3, T' = 100, P' = 0,76 ; de plus T = 95 = 90 = 85, et enfin pour les trois cas aussi P = en moyenne 0,78.

On trouve :

$$\begin{aligned}
&\text{Pour le premier cas} \quad V = 468,96 \\
&\text{— le deuxième} \qquad\quad V = 462,61 \\
&\text{— le troisième} \qquad\;\; V = 456,58
\end{aligned}$$

Quant aux densités des vapeurs, on sait, d'après M. Gay-Lussac, que la densité de la vapeur d'alcool à zéro sous la pression de 0,76 est 1,6133, celle de l'air étant 1 ; à 100° sous le même pression, elle sera 1,18.

Introduisant donc successivement dans la seconde formule, en place de D' P' T', les valeurs 1, 18, 0,76 et 100 et en place de P et T les valeurs 0,78, 95, 90, 85, l'on trouve :

$$\begin{aligned}
&\text{Pour le premier cas} \quad D = 1,230 \\
&\text{— le deuxième} \qquad\quad D = 1,244 \\
&\text{— le troisième} \qquad\;\; D = 1,263
\end{aligned}$$

Les poids du litre de vapeur d'alcool seront :

$$\begin{aligned}
&\text{Pour le premier cas} \quad 1^g60 \\
&\text{— le deuxième} \qquad\quad 1\;62 \\
&\text{— le troisième} \qquad\;\; 1\;64
\end{aligned}$$

Voyons par des exemples le parti qu'on peut retirer de ces résultats.

Les chaudières des appareils ordinaires fournissent en moyenne 50,000 calories par heure en chaleur latente renfermée dans de la vapeur qu'on peut considérer comme simplement aqueuse au sortir de la chaudière. Supposons cette vapeur à la température de 100°. Chaque litre de liquide entraîne 537°, donc autant de fois 537 sera contenu dans 50,000, autant de litres d'eau seront vaporisées, c'est-à-dire à très peu près 93 litres. Or, chaque litre produisant 1696 litres de vapeur, le volume total de vapeur sortant par heure de la chaudière sera $93 \times 1696 = 157728$ et par seconde à très peu près 44 litres.

Or, si H est la hauteur de la colonne de vapeur produisant la vitesse nécessaire pour l'écoulement de ce volume de vapeur par seconde par un tube d'un diamètre D et d'une longueur de 0,20, longueur comprise entre la chaudière et l'entrée de la colonne, on aura la relation suivante :

$$\frac{0,044}{V_\varphi} = 2,305 \sqrt{\frac{H D^3}{L + 36 D}} \quad (^1).$$

L est la longueur du tube, D son diamètre, φ la densité du fluide dont le volume est ici 0,044. Cette densité est 0,484 rapportée à l'air, ainsi que nous l'avons dit précédemment.

Avec les dispositions ordinaires on trouve que la pression exprimée en colonne d'eau est en général au minimum de 0,70, 0,60 pour le barbotage dans les plateaux et 0,10 pour le passage du volume susdit de vapeur par le tube communiquant de la chaudière au premier plateau inférieur ; ainsi, si nous voulons calculer D, nous aurons :

$$H = \frac{0,10}{13,60}$$

parce que, dans la formule, H exprime une colonne de mercure et que la densité du mercure peut être prise sensiblement égale à 13,60, de plus $L = 0,20$.

Si dans ces conditions on calcule D, l'on trouve $D = 0,0289$, soit 0,03.

Prenons un autre exemple :

Il faut une certaine pression pour forcer la vapeur à passer par les tubes ou serpentins qui la conduisent au point où elle est condensée. Mais maintenant cette vapeur partant du haut de la colonne n'est plus simplement aqueuse, elle renferme l'alcool émané du vin : elle proviendra en général de 50 litres d'eau et de 52 litres d'alcool, ou mieux, à cause de la contraction, qui n'existe pas dans la vapeur, de 54 litres d'eau et de 52 litres d'alcool pour 106 litres de liquide condensé. On peut supposer même une distillation de 550 litres de vin à l'heure à 10 pour 100 d'alcool au titre de 52 pour 100 pour le produit. Le volume du produit par heure serait 105l77, ou mieux 109,75, en supposant la contraction détruite. On aurait donc par heure sortant de la

---

(^{1}) D'Aubuisson : *Aréométrie*.

colonne la vapeur provenant de 55 litres d'alcool, plus celle provenant de 54ʲ75 d'eau. Il faudra ici ou bien chercher H, D étant connu, ou bien D, H étant donné.

Prenons H répondant par exemple à 0,10 de pression exprimée en eau. H en mercure est réellement égal à 0^m0073.

La formule :

$$\frac{Q}{V\varphi} = 2305 \sqrt{\frac{0,0073\,D^5}{L + 36\,D}}$$

ou plus simplement :

$$\frac{Q}{V\varphi} = 2305 \sqrt{\frac{0,0073\,D^5}{L}}$$

Q étant le volume de vapeur par seconde, le mètre cube pris pour unité.

Le plus grand volume pour l'eau sera 1696 litres par litre d'eau liquide et pour l'alcool 469.

Le volume total de vapeur pour l'eau sera donc

$$54 \times 1696 = 91584$$
Et pour l'alcool......... $55 \times 469 = 25796$
$$\text{Total}.................. \overline{117379} \text{ par heure.}$$

Et par seconde, en nombre rond, 33 litres à la densité moyenne, d'après ce qui a été ci-dessus, de 0,661 ; or, de plus L sera approximativement égal à 24^m, la formule devient donc en y introduisant ces valeurs,

$$\frac{0,033}{V\overline{0,661}} = 2305 \sqrt{\frac{0,0075\,D^5}{24}}$$

On trouve :

$$D = 0,063.$$

(5) Pour l'écoulement des liquides sortant d'un récipient sous une pression h, on fera usage, en ce qui concerne les appareils distillatoires, des formules suivantes :

$$Q = 0,55 \times 3,76\,D^2 V h., \quad Q = 0,62.\,3,76\,D^2 V h., \quad Q = 0,80.\,3,76\,D^2 V h$$

$$Q = 20,73 \sqrt{\frac{h.\,D^5}{L + 36\,D}}$$

dans lesquelles,

Q = la dépense par seconde,

D = le diamètre de l'orifice circulaire d'écoulement,

$h =$ la pression ou hauteur en liquide sous laquelle l'écoulement a lieu.

$L =$ longueur des tubes parcourus; s'il y a lieu, ils auront aussi le diamètre intérieur D.

La première s'applique aux orifices à minces parois percés sur une surface convexe; même application pour la deuxième, seulement la surface est plane.

La troisième s'applique à l'écoulement par un court ajustage cylindrique; la quatrième enfin à l'écoulement qui aura lieu par un tube d'une longueur L.

Si, indépendamment de la hauteur en liquide, il y avait une pression résultant de la vapeur, il faudrait calculer cette pression en liquide et ajouter le résultat à la hauteur du liquide pour avoir h.

CHAPITRE III.

(6) La quantité de chaleur transmise par une surface donnée et dans un temps connu à un liquide ambiant ou bien à l'air dont les températures seraient également connues, joue un très grand rôle dans l'acte de la distillation, et par conséquent dans la construction des appareils distillateurs.

J'ai cherché par l'expérience la valeur de cette transmission pour les tubes en cuivre et pour une différence de température de $1°$ entre la température de la vapeur et celle du bain, pour une heure et par mètre carré.

Les résultats de ces expériences sont consignés dans le tableau ci-dessous :

Le tube est noyé verticalement		MÊME TUBE couché comme en serpentin.	TUBE d'un plus grand diamètre couché.		MÊME TUBE l'ouverture de sortie rétrécie.
Eau agitée.	Eau non agitée.	Eau non agitée.	Eau agitée.	Eau non agitée.	Eau non agitée.
calories.					
1700	1197	901	918	622	550
1934	1066	820	1112	755	900
1920	966	901	1481	853	1087
2122	1020	800	1619	985	»
»	»	865	»	»	»

On peut conclure de ces nombres que, pour un serpentin noyé dans l'eau non agitée, la transmission de chaleur, par heure et mètre carré, peut être évaluée en moyenne à 859 colories par degré de différence entre la température du bain et celle de la vapeur; que la transmission est plus considérable pour les tubes placés verticalement; qu'enfin, dans tous les cas, elle augmente en agitant le liquide.

Voyons, par un exemple, le parti qu'on peut retirer de ces notions.

La chaleur spécifique de l'alcool liquide est 0,6148, sa densité 0,802; la chaleur spécifique du litre sera donc $0,6148 \times 0,802 = 0,493$. Pour plus de simplicité, prenons 0,50, cela veut dire que pour élever un litre d'alcool de un degré, il faut le considérer comme de l'eau, mais réduire son volume de moitié. Donc un litre de vin à 0,10 d'alcool qui contiendra 0^l90 eau refroidira comme 0^l95 eau. Mais le litre d'un semblable vin produira à peu près 0^l20 eau-de-vie qui, supposés à 83° de température et devant être ramenés à 15°, c'est-à-dire refroidis de 68°, pourront être considérés comme 0^l15 d'eau et devront perdre $0^l15 \times 68 = 10,2$ calories. Cette chaleur sera prise par le litre de vin considéré ici comme 0^l95 eau : la chaleur prise par ce litre de vin sera donc $\dfrac{10,2}{0,95} = 10,74$, et si ce litre était à 15° primitivement, il sera réellement à 25,74 après le refroidissement de l'eau-de-vie.

On peut donc concevoir qu'à l'extrémité inférieure du serpentin, là où la vapeur achève sa condensation, il existe pour ce cas particulier une différence de température entre l'intérieur du serpentin et le liquide de 80 à 83° moins 25,74, soit 26, supposons même une différence de température exprimée par $80 - 26 = 54$, mais au haut du serpentin, la différence de température entre l'intérieur du serpentin et le liquide est à peu près nulle, de sorte que la différence moyenne entre le liquide et la vapeur serait la moitié de 54, ou 27°. Le serpentin transmettrait donc, par heure et mètre carré, $27 \times 859 = 23193$ calories. Il s'agit d'un appareil qui doit distiller 550 litres de vin à l'heure, par exemple, à 0,10 d'alcool, le produit à 52° qui devra être condensé sera donc composé de 55 litres alcool et 54,74 eau, contraction détruite. L'alcool donne lieu à. . . . .   9020 calories

L'eau à.   29880   —

$$\text{TOTAL.} \ldots \ldots \ldots \quad 38900 \quad —$$

Il faudrait dès lors, à très peu près, $1^{m.c.}60$ de serpentin pour satisfaire à la condensation ; mais comme il y a toujours un avantage à avoir un grand serpentin, sans toutefois dépasser les limites permises par l'espace, on pourra doubler la surface que nous venons de trouver et la porter à 3^m20. Si donc l'on prend 0,08 pour le diamètre du tube du serpentin et 0,90 pour celui du tour de milieu à milieu, la surface d'un tour sera $0,08 \times 3,14 = 0,072 \times 9,86 = 0^{m.c.}71$ en nombre rond, le nombre de tours du serpentin pour la condensation sera donc $\frac{3,2}{0,71} = 4$ tours 1/2. On pourra ajouter à la suite un nombre égal de tours pour le refroidissement du liquide et réduire progressivement le diamètre du tube jusqu'à n'être plus que 0^m03 à la sortie.

D'après cet exemple, on comprend le parti qu'il est possible de retirer, dans la pratique, des notions qui précèdent et l'usage qu'on peut en faire avec le secours de l'expérience.

(7) Il sera aussi quelquefois utile de tenir compte et même de se servir de la transmission de chaleur qui s'opère à l'air ambiant, soit par contact, soit par rayonnement, de la part d'une surface de cuivre qui se trouvera en contact d'un côté avec la vapeur, de l'autre avec l'air à diverses températures ; pour cet effet, j'ai dressé le tableau suivant, dont les résultats sont dus à M. Clément-Désormes :

DÉSIGNATION DES SURFACES	Volumes d'eau condensés et **Calories** transmises par heure et mètre carré, la température de l'air ambiant ÉTANT							
	0		5		10		15	
	litre.	calories.	litre.	calories.	litre.	calories.	litre.	calories.
Cuivre horizontal nu.........	1.27	924	1.64	879	1.53	822	1.47	789
Cuivre horizontal noirci......	1.93	1036	1.85	988	1.74	934	1.68	902
Cuivre vertical nu...........	2.01	1079	1.92	1031	1.79	961	1.72	924
Cuivre vertical noirci........	2.22	1192	2.13	1144	2.00	1074	1.93	1036

CHAPITRE IV.

(8) Les propriétaires qui voudront se rendre compte des résultats de la distillation de leur vin, comme aussi les fabricants d'appareils

distillatoires qui voudront qué ces appareils remplissent certaines conditions de forme ou de volume, auront des volumes ou des surfaces
diverses à calculer; pour leur utilité, je crois devoir joindre ici l'indication des moyens et les formules qui peuvent servir à ces appréciations.

Pour les surfaces, on aura à mesurer un rectangle, un parallélogramme, un trapèze, un triangle, un cercle, une surface cylindrique,
une surface conique.

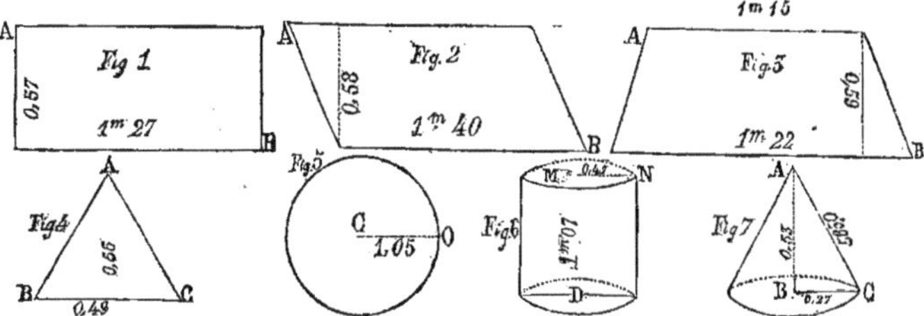

La surface du rectangle *(fig. 1)* s'obtiendra en multipliant la base
par la hauteur $1^m27 \times 0,57 = 0^{m.c.}7219$.

La surface du parallélogramme *(fig. 2)* s'obtiendra en multipliant
l'un des côtés par la longueur de la perpendiculaire comprise entre le
côté pris pour base et l'autre côté parallèle $1^m40 \times 0,58 = 0^m8120$.

Le trapèze *(fig. 3)*, en multipliant la demi-somme des côtés parallèles
par la perpendiculaire comprise entre eux et commune aux deux,
$$\frac{1,15 + 1,22}{2} \times 0,59 = 0,699.$$

Le triangle A B C *(fig. 4)*, en multipliant l'un des côtés pris pour
base par la moitié de la perpendiculaire abaissée sur ce côté du sommet
opposé, $0,49 \times \dfrac{0,56}{2} = 0,1127$.

Le cercle, en multipliant le carré du rayon par le rapport de la circonférence au diamètre, c'est-à-dire par le nombre 3,14. Ainsi *(fig. 5)*,
le rayon étant $CO = 1,05$, l'on aura la surface du cercle $= 1,05^1
\times 3,14 = 3^{m.c.}45$.

La surface cylindrique *(fig. 6)* s'obtiendra en multipliant le périmètre ou longueur du contour de la base par la hauteur du cylindre
M N. Si cette base est un cercle, on obtiendra son périmètre en multipliant le double du rayon ou le diamètre par le rapport 3,14.

Surface cylindrique $= 2 \times 0,47 \times 3,14 \times 1^m07 = 3^{m.c.}16$. Si l'on
voulait avoir la surface totale, il faudrait y joindre deux fois la surface
de la base que nous savons calculer.

Quant à la surface du cône, on procèderait de la même manière, seulement, au lieu de multiplier par la hauteur, on multiplierait par la moitié du côté A C; ainsi, surface du cône *(fig. 7)* $= 2 \times 0,27 \times 3,14$

$\times \frac{1}{2} 0,595^{\text{m. c.}} = 0^{\text{m. c.}} 5044.$

On pourrait avoir à évaluer une surface irrégulière soit isolée, soit prise pour base d'un cylindre ou d'un cône, et qui ne se prêterait pas à l'application des règles géométriques, on prendrait alors exactement la forme de cette surface avec une lame de cuivre ou d'étain, ou bien avec une feuille de carton, on pèserait exactement cette lame ou cette feuille et puis l'on découperait, pour le peser exactement, une portion connue du mètre carré : par ce poids on connaîtrait la surface cherchée.

Quant aux volumes, on aura à apprécier plus particulièrement ceux d'un parallélipipède rectangle, d'un cylindre, d'un cône et d'un cône tronqué.

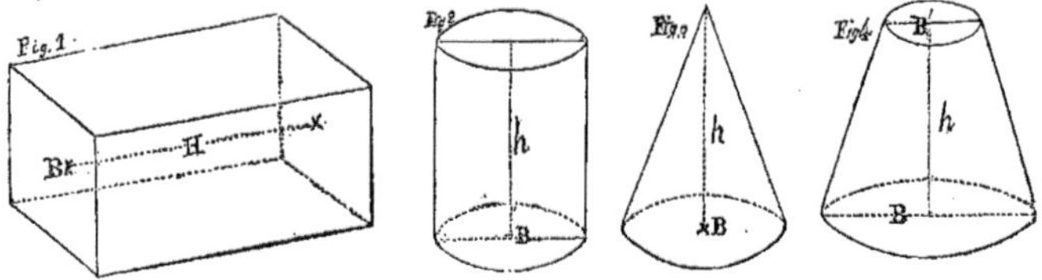

Pour le premier, on multipliera le nombre de mètres carrés ou fractions du mètre carré qui contiendra la base par le nombre de mètres de longueur ou fractions du mètre qui contiendra la hauteur, et l'on aura le nombre de mètres cubes ou fractions de mètre cube que contiendra le volume. C'est dans ce sens que le volume a pour expression le produit de la base par la hauteur $(B \times h)$.

Pour le second volume, le cylindre, on calculera la base d'après la règle établie ci-dessus et on multipliera le nombre trouvé par la hauteur, on trouvera le nombre de mètres cubes.

Pour le troisième, on procèdera de la même manière, seulement on multipliera par le tiers de la hauteur.

Pour le quatrième, on prendra la moitié de la somme des deux bases et l'on multipliera cette moyenne par la hauteur; c'est le procédé le plus pratique.

Pour ce dernier volume, il serait plus exact de le former en ajoutant celui de trois cônes qui auraient pour mesure, le premier, la base inférieure, le second, la base supérieure, le troisième, une moyenne proportionnelle entre les deux bases, les trois cônes ayant pour hauteur commune le tiers de la hauteur du tronc de cône. Pour comparer ces deux procédés, soit un tronc de cône à bases parallèles, ayant pour rayon de la base inférieure 0^{m}95, pour rayon de la base supérieure 0^{m}83, et pour distance entre les deux bases 1^{m}07.

Par le premier procédé pratique on aura :

Base inférieure	2$^{m.qq.}$8388	
— supérieure	2	1631
Somme des deux	4	9969
1/2 Somme	2	4984

2^{m}4984 qu'il faut multiplier par la hauteur 1,07, d'où volume $= 2,4984 \times 1^m07 = 2^{m.c.}673$ ou 2,673 litres.

Par le procédé plus exact l'on aurait :

Base supérieure	2$^{m.qq.}$8338	
— inférieure	1	1631
Produit des deux	6	12979278
Moyenne proportionnelle	2	4758

somme de trois 7,4717 qui, multipliés par 1/3 de 1^{m}07, produisent 2$^{m.c.}$664, différant seulement de neuf millièmes de mètres cubes ou de 9 litres de la précédente.

J'ai insisté plus particulièrement sur le procédé de cubage relatif au tronc du cône, parce que l'un ou l'autre de ces procédés, et surtout le premier, servira aux propriétaires pour l'évaluation de la contenance de leurs foudres.

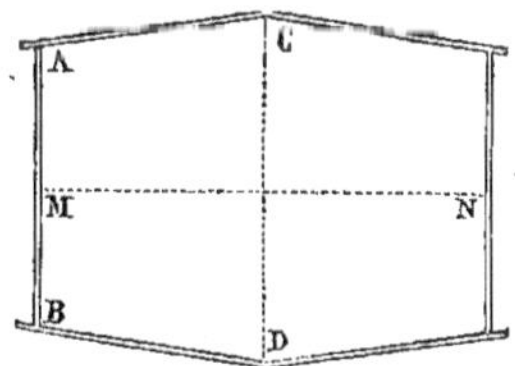

Les dimensions nécessaires pour calculer un semblable volume seront le diamètre intérieur au bouge C D, le diamètre des bouts A B, la distance entre le fond N M, on aura alors les éléments de deux troncs de cône que l'on calculera par le procédé qui vient d'être indiqué et que l'on ajoutera. Si les fonds sont creux ou concaves, on prendra pour N M une longueur moyenne.

Pour dernière application, nous allons chercher la surface et le volume d'un serpentin qui aurait un diamètre de tube de 0,08, un diamètre de tour de 0,90 de milieu à milieu et sept tours et demi.

Le diamètre d'un tour, suivant la pente, serait 2^m83. La circonférence du tube serait 0^m2512, la surface d'un tour serait donc $2^m83 \times 0,2512 = 0^{m.c.}7109$. Les sept tours et demi feraient donc $5^{m.qq.}33$. Pour le volume, il sera représenté par le produit de la section du tube, par la longueur totale du serpentin, ce sera, en d'autres termes, un cylindre qui aura une longueur totale de sept fois et demie $2^m83 = 21^m225$, et pour base $0,04^2 \times 3,14 = 0,005004$. Le produit fera $0^{m.c.}1062$ ou bien 106^{l2}.

Ces détails élémentaires sont principalement destinés à l'usage des lecteurs qui, peu familiarisés avec les calculs que je suis forcé d'employer dans ces recherches, adopteront pourtant l'ensemble de mes résultats en ce qui touche la distillation, et de plus auront sous la main les moyens pratiques de calculer le rendement de la distillation, et pour les fabricants d'appareils, les moyens de donner à leurs pièces les dimensions voulues.

CHAPITRE V.

(9) Les uns et les autres, propriétaires et fabricants, auront aussi très souvent à faire usage de l'alcoomètre centésimal de M. Gay-Lussac. Il m'a paru utile d'entrer dans quelques explications sur la construction de cet instrument précieux, car l'esprit est bien plus satisfait lorsqu'on connaît le principe sur lequel est fondé l'instrument dont on se sert que lorsqu'on l'emploie en aveugle.

M. Gay-Lussac a pris pour base de la graduation de l'instrument qui porte son nom, les densités de divers liquides alcooliques contenant 0, 1, 2, 3, 4, ..., 100 parties d'alcool en volume sur 100 parties de liquide à la température de 15° du thermomètre centigrade. Il était important de tenir compte de la température, car l'alcool augmente ou diminue de volume par la chaleur ou le refroidissement. Il fallait donc savoir pour quelle température les densités des divers liquides alcooliques avaient été calculées, afin que le commerce, les arts ou l'industrie connaissant, par l'expérience, la valeur d'un volume déterminé d'alcool à une température connue, celle de 15°, par exemple, pussent acquérir ou employer un liquide alcoolique ayant une densité connue à ladite température, alors que dans la table des densités dont il est question ci-dessus, en regard de chaque nombre se trouve le volume correspondant d'alcool que le liquide renferme à la température adoptée.

Ainsi, un aréomètre indiquant, au moyen d'une échelle graduée et par son enfoncement dans les divers liquides alcooliques, les diverses densités à la température de 15°, devait en même temps indiquer les volumes d'alcool pur en centièmes du volume total répondant aux densités, puisque en regard de chaque densité se trouve le volume correspondant en alcool pur renfermé dans le liquide. Tel est le principe de l'alcoomètre centésimal de M. Gay-Lussac.

Si donc on possédait tous les liquides alcooliques renfermant, à la température de 15°, 0, 1, 2, 3, 4, ..., 100 centièmes d'alcool pur sur 100 du volume total, il suffirait, pour graduer un semblable instrument, de le plonger successivement dans ce liquide, et chaque fois de marquer sur la tige ou sur un papier attaché à la tige les points successifs d'enfoncement; on aurait ainsi un instrument pouvant indiquer les centièmes en volume du volume total en alcool pur contenus dans un liquide donné à la température de 15°.

Mais on peut remarquer immédiatement que si V était le volume de la partie de l'instrument noyée dans l'eau distillée à la température de 15°, que si s était la section de la tige, l la longueur de la tige comprise entre le point zéro et le point d'enfoncement dans un liquide dont d serait la densité, que l'on aurait, dis-je, la relation suivante $(V + s\,l)\,d$ $= P$, P étant un nombre égal à V, à cela près que V est un nombre d'unités cubes et P un égal nombre de poids de l'ordre correspondant à l'unité cube. s exprimerait un nombre d'unités carrées et l un nombre d'unités linéaires. Si, par exemple, l'unité linéaire est le millimètre, que V soit égal à 15470, ce nombre voudra dire 15470 millimètres cubes, P sera le poids de 15470 millimètres cubes ou 15470 milligrammes. Si, de plus, s est égal à $26^{mm}79$ carrés, la formule précédente deviendra, pour ce cas particulier,

$$(15470 + 26^{mm}79\, l)\, d = 15470^{millig.}$$

Cherchons, par cette formule, les points de la graduation d'un aréomètre, dont voici la forme, et qui remplirait les conditions de poids et de section de tige dont il s'agit.

Après avoir déterminé dans l'eau distillée le point zéro, qui dépendra du lest placé dans la boule inférieure, on calculera la longueur en millimètres, c'est-à-dire l comprise entre zéro et le point extrême qu'on veut être ici relatif à 90 centièmes. La densité correspondant à 90° étant 0,835, d'après la table des densités, on trouvera pour l le nombre 115 millimètres. On portera cette longueur et l'on aura le point extrême supérieur. Veut-on le point pour 57 centièmes, on calculera l, en introduisant dans la formule, en place de d, le nombre 0,922, densité correspondante à 57 centièmes, on trouvera $l = 48^{\mathrm{mm}}8$. De même, pour 80 centièmes, on trouvera $l = 90$ millimètres. On pourra aussi calculer toutes les distances qui doivent être comprises sur l'échelle, entre le point zéro et le point cherché, et l'on trouvera toutes les divisions relatives aux richesses alcooliques de zéro à 90 centièmes.

Si l'on élimine l dans la formule précédente, on trouve, en général, $l = \dfrac{P}{d\,s} - \dfrac{V}{s}$ pour chaque aréomètre, $\dfrac{V}{s}$ sera un nombre constant. Dans le cas particulier de l'aréomètre dont il est ici question, l'on a

$$l = \frac{1547000}{d\,2679} - 581,186.$$

Nous reviendrons sur cette formule pour en faire ressortir quelques particularités. Occupons-nous des moyens que M. Gay-Lussac a dû employer pour calculer la table des densités correspondantes à la température de 15° aux diverses richesses alcooliques.

Il a d'abord fallu chercher le volume d'eau distillée à la température de 15°. Ce volume étant 1 à la température de zéro, on a fait usage de la formule $at + bt' + ct^3$, dans laquelle pour t compris entre zéro et 25,

$$a = -0,000061045, \qquad b = +0,0000077183,$$
$$c = -0,00000003734.$$

Un volume d'eau à zéro étant 1, deviendra : à 4°, 0,9998769; à 5°, il sera 0,99988306; à 10°, 1,00012404; à 15°, 1,00069492; à 25°, 1,00261437.

Si l'on compare ces volumes à celui de l'eau à 4°, pris pour unité, on pourra en conclure la densité de l'eau :

à 0° 0,9998769
à 4° 1,0000000
à 5° 0,9999998
à 10° 0,9997400
à 15° 0,9994820
à 25° 0,997300

Pour l'alcool, on fera usage de la même formule que précédemment pour calculer les augmentations de volumes avec la température; seulement ici $a = 0,0010486301$, $b = 0,0000017510$, $c = 0,00000000134$.

On trouvera pour la densité de l'alcool :

à 0° 0,815
à 4° 0,81157
à 5° 0,81059
à 10° 0,80638
à 15° 0,802
à 25° 0,7937

Avec ces résultats, cherchons la densité d'un mélange d'eau et d'alcool à 15° centigrades contenant, par exemple, 57 centièmes du volume total en alcool pur.

On trouve dans la table des contractions que pour 60 centièmes la contraction est 0,0373 du volume du liquide, et que pour 55 centièmes elle est 0,0377. On en conclut qu'elle sera 0,03754 pour 57 centièmes. Il y aura donc réellement dans le liquide 0,57 centièmes d'un volume en alcool pur et 0,46754 d'eau. S'il n'y avait pas de contraction, le volume d'eau réel serait 0,43 d'un volume; mais, à cause de la contraction, le volume d'eau du liquide qui compte pour le poids est réellement 0,46754 d'un volume. Mais la densité de l'alcool à 15° de température étant 0,802, le poids relatif à l'alcool sera ici $0,57 \times 0,802 = 0,45714$
Le poids relatif à l'eau sera...... $0,46754 \times 0,999181 = 0,46715$

Ensemble..... 0,92429

Le poids relatif d'un volume ou la densité du liquide sera donc 0,92429. Il faut se rappeler que la densité de l'eau à 15° est 0,999182.

Dans la table de M. Marozeau, calculée d'après les expériences auxquelles il a soumis l'alcoomètre de M. Gay-Lussac, la densité correspondante à 0,57 centièmes est exprimée par 0,922. Toutefois, le raisonnement qui précède et qui pourrait s'appliquer à la recherche de toute autre densité correspondante à toute autre richesse voulue, me paraît irréprochable, et la différence que nous trouvons ici tient à ce que l'auteur de la table n'est pas parti pour l'alcool de la densité 0,802, mais bien de celle exprimée par 0,800 ou 0,795; il a mis, en effet, en regard de l'alcool pur le nombre 0,795 pour densité.

Il est très important de bien s'entendre sur la densité de l'alcool à 15°, conformément à ce qu'on trouve dans les auteurs qui ont écrit sur la distillation, M. Payen, entre autres, j'ai admis précédemment que cette densité était 0,802. Or, d'après d'autres savants, la densité de l'alcool à zéro est 0,8151, la densité de l'eau prise pour comparaison étant 1 à zéro. Mais la densité de l'eau étant 1 à 4°, celle de l'eau à zéro ne sera plus que 0,9998769, et celle de l'alcool, rapportée à la même base, deviendrait donc 0,8150 à zéro et se réduirait à 0,81157 à 4°, et si l'on tient compte de la dilatation de 4 à 15° de température, ells se réduit à 0,80224 à cette dernière température.

C'est donc sur cette densité de l'alcool à 15° (0,80224) que devraient être établies les tables et non sur celle de 0,795. D'après l'ouvrage déjà cité de M. Dumas, M. Gay-Lussac les aurait calculées sur celle de 0,7947. Or, d'après la formule qui sert à graduer les alcoomètres, on peut voir que la longueur l comprise entre zéro et le point de graduation augmente à mesure que d diminue. D'un autre côté, il est certain que les densités calculées en prenant pour base de la densité de l'alcool à 15°, 0,7947, seront plus petites que celles calculées d'après la base de 0,80224. Si ce nombre est le véritable, les longueurs l seraient trop grandes, et à chaque degré répondrait un volume d'alcool pour cent réellement plus grand que celui qu'indiquerait la graduation.

On peut présumer que si l'on doit prendre pour base du calcul des densités 0,80224 au lieu de 0,7947, le volume que l'on donne devrait être un volume réel qu'on devrait donner dans les transactions commerciales comme 0,80224 est à 0,7947 ou comme 1,00948 est à 1; ainsi, sur une pièce composée de 208 litres alcool pur, on donne 208 $+$ 0,00948 de 208 ou 1'97 de trop. Il serait donc très important de savoir définitivement à quoi s'en tenir. Faut-il prendre 0,80224 ou 0,7947? J'ai essayé vainement de soumettre cette question à des savants qui ne m'ont pas répondu.

Il est vrai que M. Marozeau a calculé les densités d'après les observations faites sur l'alcoomètre de M. Gay-Lussac, et s'il a été conduit ainsi à admettre le nombre 0,795 pour la densité de l'alcool pur à 15°, il est bien possible que M. Gay-Lussac soit parti de celle de 0,802, car de très petites quantités peuvent échapper à l'œil de l'observateur malgré tous les soins et les précautions qu'il peut apporter dans ses recherches.

Pour en finir avec l'alcoomètre centésimal, nous ferons remarquer que les liquides soumis à son usage peuvent affecter toute autre température que 15°, mais ne s'éloignant pas trop, toutefois, de cette température en dessus ou en dessous. L'idée la plus naturelle serait de ramener, par le refroidissement ou la chaleur, ces liquides à la température de 15°. Il suffirait alors d'y plonger l'alcoomètre pour apprécier le volume d'alcool pour cent contenu dans le liquide essayé à la température de 15°. Ce moyen est le plus rationnel, mais n'est pas le plus pratique.

M. Gay-Lussac a publié des tables de correction dans lesquelles on trouve pour chaque indication de l'aréomètre centésimal, à une température donnée depuis zéro jusqu'à 30 compris, le degré qu'indiquerait l'instrument s'il était plongé dans le même liquide dont la température serait ramenée à 15° du thermomètre. C'est ce qu'il a appelé : *Table des forces réelles des liquides spiritueux*. Mais la chaleur en moins ou en plus de 15° ne modifie pas seulement le degré alcoométrique, elle modifie aussi le volume, et le volume est aussi un élément de la valeur des liquides spiritueux. Si le liquide est au-dessous de 15°, en le ramenant à 15° il augmentera de volume; pour avoir sa valeur réelle, il ne faudrait donc pas seulement multiplier le volume examiné par le titre corrigé, mais bien le volume ramené à 15°. Pour cent du volume primitif, l'on aurait donc un volume d'alcool pur représenté par le titre corrigé; mais comme ce *cent* augmente en le ramenant à 15°, il faudra multiplier aussi par le degré corrigé le *cent* ainsi augmenté; il en résultera un volume d'alcool pour *cent* primitif un peu plus grand que le degré alcoométrique. C'est ce nombre que M. Gay-Lussac désigne sous le nom de *richesse du liquide spiritueux*, et dont il a publié la valeur dans une seconde table, désignée par *Table des richesses alcooliques des liquides spiritueux*, qui ont été calculées pour toutes les indications de l'alcoomètre aux diverses températures comprises entre zéro et 30°. Ainsi, dans l'exemple précédent, cette richesse sera représentée par un nombre un peu plus grand que le degré de l'alcoomètre ; si la température avait été au-dessus de 15° du thermomètre, la richesse eût été exprimée, au contraire, par un nombre inférieur au degré trouvé.

Pour calculer ces nombres qui forment la table des richesses, il a fallu d'abord corriger le degré trouvé dans le liquide dont la température est différente de 15° en plus ou moins de l'effet de la différence de température, et puis calculer ce que devrait être le volume du liquide ramené à la température de 15°. C'est le produit de ces deux nombres qui forme la table des richesses.

M. Gay-Lussac n'a pas fait connaître les bases de ses calculs ; j'ai déjà indiqué comment on pouvait calculer les densités des divers liquides alcooliques pour la température de 15°. Voici comment on pourrait calculer le degré alcoolique qu'aurait à 15° de température un liquide affectant une autre température et dans lequel l'alcoomètre indiquerait un degré quelconque.

Supposons, par exemple, que l'alcoomètre indique le degré 65 dans un liquide qui se trouverait à la température de 25° centigrades, il faut trouver le degré X que devrait indiquer l'alcoomètre dans ce même liquide ramené à la température de 15°.

Cherchant d'abord la densité d'un liquide à 15°, pour le titre 65, nous trouverons, en raisonnant comme ci-dessus, 0,90713, soit 0,907, au lieu de 0,904 écrits dans la table de M. Marozeau en regard de 65° : puisque l'aréomètre plongé dans un liquide à 25° de température accuse 65, c'est que ce liquide est à la densité de 0,907 ; *donc le poids d'un volume de ce liquide, c'est-à-dire 0,907, doit être au poids d'un volume ramené à 15° du thermomètre comme un volume de ce liquide à 15° est au volume qu'il acquiert en passant de 15 à 25° :* telle est la base certaine sur laquelle nous nous appuyons pour établir la relation qui va nous servir à déterminer X.

Voyons donc d'abord ce que doit être le poids d'un volume à 15° qui a pour titre X. Nous savons que X sera compris entre 60 et 65, et nous admettrons, ce qui doit être d'ailleurs très près de la vérité, que la contraction sera ici entre 0,03615, celle relative à 65, et 0,0373, celle relative à 60, moyenne égale 0,036725. Ce volume, qui disparaît dans la combinaison, ne doit pas moins compter dans le poids. Il faudra donc, pour avoir le poids du volume d'eau que nous cherchons, joindre ce volume à celui qui paraît seul dans le mélange, c'est-à-dire 1 — X, et multiplier la somme par la densité de l'eau à 15° pour avoir le poids du volume d'eau cherché; cette densité est 0,999182, nous aurons donc pour première partie du poids cherché 1 — X + 0,036725 (ou 1,036725 — X) × 0,999182. Quant à l'autre partie, elle sera évidemment X multiplié par la densité de l'alcool à 15°, c'est-à-dire 0,802. Cette seconde partie, qui complète le poids cherché, sera donc 0,802 . X : le poids total est alors (1,036725 — X) 0,999182 + 0,802 . X, et notre premier rapport devient :

$$\frac{0,907}{(1,036725 - X)\,0,999182 + 0,802 . X}.$$

Quant au second rapport, son premier terme est 1, puisqu'il représente le volume à 15° qui ne s'est pas dilaté. Le second terme sera représenté par ce même volume, augmenté de la dilatation relative audit degré du thermomètre de surélévation de 15 à 25°, et ce volume total dilaté se composera du volume d'eau 1 — X multiplié par l'expression de l'augmentation de volume de 15 à 25° et qui sera représentée pour l'eau par 1,001918. Le volume d'eau augmenté serait donc (1 — X) 1,001918. Cependant, par l'augmentation de température au-dessus de 15° la contraction n'est plus la même : une petite quantité d'eau repasse à l'état apparent, environ 0,0003 par degré; pour 10° ce serait 0,003. Le volume d'eau augmenté serait donc plus exactement (1,003 — X) 1,001918. Quant au volume d'alcool, l'expression de son augmentation serait 1,0102, et le volume augmenté deviendrait X . 1,0102. Finalement, le second terme du deuxième rapport serait (1,003 — X) 1,001918 + X . 1,0102, et le rapport

$$\frac{1}{(1,003 - X)\,(1,001918) + X . 1.0102}.$$

On aurait donc :

$$0,907\left\{\begin{array}{l}(1,003 - X)\,1,001918 + X . 1,0102 \\ \qquad\qquad + 0,802\,X\end{array}\right\} = (1,036725 - X)\,0,999182.$$

Tout calcul fait, l'on trouve X = 61,4. Dans la table de M. Gay-Lussac on trouve 61,6 (le facteur 1,003 est supposé ici égal à 1).

En général :

Si C représente la contraction,

    d la densité de l'eau à la température de 15°,

    d' la densité de l'alcool à cette température de 15°,

f le coefficient de dilatation de l'eau pour la température du liquide,

f' le coefficient de dilatation d'alcool à cette même température,

D la densité du liquide alcoolique essayé à la température et qui se trouve dans les tables en regard de l'indication du degré alcoométrique trouvé,

L'on aura : $D\{(1 + C' - X)f + Xf'\} = d(1 + C - X) + d'X$. C'est la petite portion de contraction qui sera en plus ou en moins de celle qui existe à 15°. Pour les températures au-dessus de 15°, $C' = +0,0003$ environ par degré du thermomètre ; en dessous $C' = -0,0002$ environ aussi par degré thermométrique : en général, on supposera C' nul.

Lorsque l'on prend pour base les densités de l'eau et de l'alcool à 15°, $d = 0,999182$ et $d' = 0,802$. On trouvera f et f' en divisant le volume d'eau et d'alcool à la température du liquide essayé, par les volumes d'eau et d'alcool à la température de 15°. Nous avons déjà donné les volumes d'eau à 0, 4, 5, 10, 15, 25 degrés. Voici les volumes d'alcool à ces températures : nous reproduisons aussi le nombre trouvé pour l'eau.

	ALCOOL.	EAU.
à 0°	1,000000	1,000000
à 4°	1,0042226222	0,9998769
à 5°	1,0053370930	0,99988306
à 10°	1,0106627410	1,00012404
à 15°	1,016127949	1,00069492
à 25°	1,026314650	1,00261437

pour 25°, $f = 1,001918$, $f' = 1,0102$,
pour 5°, $f = 0,9991$, $f' = 0,9893$.

Si l'on cherche par la formule précédente la force réelle d'un liquide qui accuse 65 centésimaux et 5° du thermomètre on trouve 68,80, la table de M. Gay-Lussac donne 68° 30.

Pour 25° alcoométriques et 25° thermométriques on trouve $x = 20,71$.

Pour 25° alcoométriques et 5° thermométriques on trouve $x = 27,00$.

Les tables donnent pour le premier cas 21,60, pour le second 28,80. Mais si l'on suppose C' nul dans la formule, ce qui doit être à très peu près d'ailleurs, on trouve pour la formule : premier cas $x = 22$; deuxième cas $x = 28,30$.

Ces différents tiennent à la valeur que l'on donne, dans le calcul, à la contraction, et il est difficile d'apprécier au reste laquelle de ces valeurs s'approche le plus de la vérité, à moins que M. Gay-Lussac n'ait déterminé par l'expérience directe les nombres inscrits dans ses tables.

Il est toujours certain que le principe sur lequel je me suis fondé pour établir la formule qui précède est parfaitement exact, à savoir : que *les poids* de deux volumes égaux du liquide essayé, l'un à la température donnée, l'autre à 15°, sont en raison inverse des deux volumes qui se produisent à ces deux températures, l'un sera l'unité, l'autre ce même volume unité augmenté de la dilatation provenant de la température donnée.

J'avais dit, en parlant de la graduation des alcoomètres, que je reviendrais sur cet objet : voici ce que j'avais à dire, je devais avant parler de la densité des liquides spiritueux.

On sait déjà que l étant la longueur comprise entre le point cherché et le zéro préalablement déterminé, on a :

$$l = \frac{P}{ds} - \frac{V}{s}$$

P et V représentant les mêmes nombres ; seulement l'un exprime des millimètres cubes si le millimètre est pris pour unité de longueur, et P un égal nombre de milligrammes, c'est-à-dire P fois le poids d'un millimètre cube d'eau. Pour chaque instrument dont s est la section de la tige en millimètres carrés, $\frac{V}{s}$ est un nombre constant. Pour un autre liquide dont la densité serait d' relative à un degré d'une unité inférieure à celui qui correspond à d, l'on aurait :

$$l' = \frac{P}{d's} - \frac{V}{s} \cdot$$

et par suite $l - l' = \frac{P(d' - d)}{d\,d's}$. Soient maintenant p' et p les contractions relatives à x et $x+1$ degrés de l'échelle de l'alcoomètre, les densités d' et d dont il vient d'être question sont aussi respectivement relatives à ces mêmes degrés.

Les densités admises ici de l'eau et de l'alcool à la température de 15° centigrades sont : pour l'eau, 0,999182, pour l'alcool, 0,802.

Représentant, pour plus de simplicité, le nombre 0,999182 par K, l'on aura

$$d' = (1 + p' - 0,04\,x)\,K + 0,00802\,x,$$
$$d = (1 + p - 0,04\,x - 0,04)\,K + 0,00802\,x + 0,00802;$$

d'où

$$d' - d = K\,(p' - p) + 0,04\,K - 0,00802.$$

Cette différence peut être mise sous la forme

$$d' - d = -K\,(p - p') + 0,04\,K - 0,00802 \;(m).$$

Or, nous l'avons vu plus haut, $l - l' = \dfrac{P\,(d' - d)}{d\,d'\,s}\;(n)$. l représente la longueur de l'échelle comprise entre zéro et $x + 1$; l', cette longueur comprise entre 0 et x.

$\dfrac{P\,(d' - d)}{d\,d'\,s}$ représente donc en général l'espace de l'échelle compris entre deux degrés qui se suivent.

On voit aisément, à l'inspection de l'expression (m), que si $(p - p')$ augmente la différence, $(d' - d)$ diminue; que si $(p - p')$ demeure constant, $(d' - d)$ reste lui-même constant; que si $(p - p')$ diminue, $(d' - d)$ augmente.

Dans tous les cas $(d\,d')$, et par conséquent le dénominateur de l'expression (n) diminue sans interruption de zéro à 100°, puisque les densités deviennent de plus en plus petites de zéro à 100°. Sous ce rapport, la valeur de l'expression (n) doit sans cesse augmenter.

Or, d'après la table des contractions,

$$(p - p') \text{ augmente de} \dots\dots\dots\dots\dots\dots\dots\;\; 0 \text{ à } 15°$$
$$(p - p') \text{ demeure à peu près constant de} \dots\dots\; 15 \text{ à } 30°$$
$$(p - p') \text{ diminue de} \dots\dots\dots\dots\dots\dots\dots\; 30 \text{ à } 55°$$
$$(p - p') \text{ devient négatif et le terme} -K\,(p - p')$$
$$\text{devient positif de} \dots\dots\dots\dots\dots\; 55 \text{ à } 100°$$

Donc de 0 à 15° les intervalles de l'échelle alcoométrique seront à peu près égaux parce que dans ce parcours les diminutions des numérateurs des expressions (n) pourront être compensées par les diminutions des dénominateurs de ces expressions; de 15 à 30°, ces intervalles augmenteront, parce que les numérateurs de leurs expressions demeurent constants, les dénominateurs diminueront; de 30 à 55°, ces intervalles augmenteront d'une manière plus sensible, parce qu'alors les numérateurs augmenteront en même temps que les dénominateurs diminueront; ces accroissements seront encore plus sensibles de 55 à 100°, parce qu'alors l'augmentation des numérateurs sera d'autant plus grande que le terme $-\mathrm{K}\,(p-p')$ sera devenu positif.

CHAPITRE VI.

(**10**) Ces préliminaires établis, je vais m'occuper de la distillation et des appareils au moyen desquels elle s'exécute. J'examinerai plus particulièrement les conditions d'équilibre des appareils usités dans l'Armagnac, celles qui se rattachent par conséquent à la distillation continue. D'ailleurs les circonstances qui accompagnent la distillation intermittente sont circonscrites dans des limites parfaitement distinctes et faciles à saisir. La distillation intermittente n'est après tout qu'un cas particulier de la distillation continue pour lequel la suite successive des intermittences élémentaires se change en une intermittence définie qui a perdu l'avantage de la continuité et entraîne avec elle les inconvénients de l'accumulation, soit de liquide, soit de chaleur, et, par conséquent, la nécessité d'interrompre l'opération à des intervalles de temps plus ou moins rapprochés. On attache, il est vrai, dans certaines contrées à la distillation intermittente l'idée de supériorité dans la qualité des produits. Rien en définitive ne paraît justifier cette prétention, et il y a lieu de penser que la distillation continue finira par l'emporter partout sur l'autre, tant par la simplicité et l'économie de ses procédés, que parce que l'on reconnaîtra que les produits qu'elle fournit valent les autres.

Une chaudière bout lorsque la chaleur émanée du foyer venant se placer comme un ressort entre les molécules du liquide les entraîne sous forme de vapeur dont la force élastique surpasse un peu la pression qui s'exerce sur la surface du liquide. La force élastique de la vapeur d'eau varie suivant la température à laquelle elle est formée. Il existe plusieurs formules qui lient la température de la vapeur avec sa force élastique : l'uné est due à M. Tredgold, une autre à MM. Dulong et Arago; MM. Roch et Coriolis ont aussi donné chacun la leur. Enfin M. Regnault a aussi exercé sa sagacité sur cette question importante. Nous ne mentionnerons ici que celle de Tredgold, comme s'appliquant plus simplement et plus exactement aux divers cas que nous avons à considérer dans la distillation, elle est ainsi formée :

$$F = \left(\frac{t+75}{85}\right)^6,$$

dans laquelle t est la température en degrés centigrades, F la force élastique, en centimètres de mercure; ainsi pour $t = 101 = 102$ on trouve : $F = 78°782 = 80°966$, et par conséquent une pression dans la chaudière exprimée en centimètres de mercure par $78,782 - 76$ ou $80,966 - 76$, c'est-à-dire $2°782$ et $4°966$ et en eau par $2,782 \times 13°596 = 37°82$, ou, pour le second cas, $67°52$. Comme le liquide, dans les chaudières de distillation, est presque simplement aqueux, si elles sont munies d'un manomètre à air libre on pourra, par un calcul très simple, évaluer la température du liquide et de la vapeur au moyen de la formule précédente, seulement ici on connaîtra F et l'on cherchera t.

La vapeur d'eau est dite saturée ou sature l'espace dans lequel elle est contenue, lorsque sa force élastique répond à la température à laquelle elle est formée. Elle est toujours saturée lorsque cet espace est en communication avec le liquide d'où elle sort. Si l'on sépare cet espace du volume du liquide qui a émis la vapeur, et que l'enveloppe dé l'espace ne puisse perdre ou acquérir de la chaleur, la vapeur y demeurera à l'état de saturation. Si dans cet état la vapeur pouvant s'épancher librement était surchauffée, elle se conduirait comme un gaz et acquerrait un volume dépendant de l'excès de température; elle ne pourrait bien évidemment revenir à son premier point de saturation qu'elle aurait perdu par son extension, qu'en perdant l'excès de température et pourrait alors être condensée par le refroidissement. Si toujours dans l'état primitif la vapeur était surchauffée sans pouvoir augmenter de volume, elle acquerrait une force élastique dépendant du volume qu'elle aurait pu acquérir à l'état libre, mais elle ne serait plus saturée parce que sa force élastique, qui n'aurait pas été acquise en contact du liquide, ne serait plus en rapport avec sa température à l'état de saturation. Ainsi à 110° la vapeur saturée possède une force élastique représentée par 113°90 en mercure, cette vapeur prise isolément et portée à la température de 120° aura acquis une force élastique représentée par 118c07, tandis que la vapeur saturée à 120° possède une force élastique représentée par 145c75.

Si l'on part toujours de l'état primitif de la vapeur saturée et qu'on la comprime, s'il n'y a pas de perte de chaleur par l'enveloppe, il est probable que l'état de saturation cesse, mais que la vapeur, absorbant la chaleur qui devient libre par la compression, acquiert ainsi la nouvelle force élastique répondant précisément à celle qui résulterait de la quantité de chaleur absorbée, en supposant la vapeur ainsi réchauffée dans l'espace clos. Si, au contraire, au moment de la compression l'enveloppe pouvait laisser sortir au dehors la quantité de chaleur chassée par la compression, la vapeur demeurerait saturée et une partie correspondante à la chaleur sortie se condenserait.

(11) J'ai cru devoir entrer dans ces détails sur la vapeur, parce que dans la vaporisation et condensation des liquides ou vapeurs alcooliques il se passe un fait qui m'a paru digne de remarque. En effet, lorsqu'on opère la vaporisation d'un vin ordinaire à 0,10 pour 100 alcool par exemple, le point de départ d'ébullition sera 94° 1/2 environ et le point de la fin de l'opération à peu près 100 : la moyenne serait 97°25. Or, d'après ce que l'on sait déjà, le produit, une fois tout l'alcool dégagé, serait au titre de 0,27 pour 100, et le point d'ébullition ou de condensation de la vapeur d'un semblable liquide serait 88°. Il faudrait donc que la vapeur de ce produit, si elle eût été toute recueillie, se refroidît de 97°250 à 88 avant que la condensation puisse s'effectuer, c'est-à-dire de 9°50. Or, pour un litre de vin vaporisé, le poids de la vapeur du produit serait 0k3524, dont la chaleur spécifique serait ainsi déterminée pour un degré de différence entre la température de la vapeur et celle de saturation, savoir : pour la vapeur d'eau $0,2722 \times 0,475 = 0^{cal}129$, alcool $0,10 \times 0,8022 \times 0,4513 = 0,03620$. Total : 0^c165. Ainsi la vapeur provenant de la distillation complète d'un litre de vin à 10 pour 100 devrait perdre $0^{cal}165$ avant que la condensation pût commencer; en d'autres termes, pour qu'elle fût amenée à saturation, et cela pour un degré de différence de température entre la température de la vapeur et celle de son point de saturation. Dans l'exemple actuel cette différence est $97,25 - 88 = 9,25$. Le nombre de calories que devra perdre la vapeur pour arriver à saturation et pour un litre de vin distillé sera donc pour la vapeur d'eau et d'alcool $(0,129 + 0,0362) 9,25 = 1,526$.

34

Au reste, pour répondre aux cas les plus usuels que peut soulever
cette question de la chaleur que doit perdre la vapeur provenant direc-
tement de la distillation, pour arriver au point de saturation, j'ai formé
le tableau suivant, qui indique les quantités de chaleur par litre de vin
distillé depuis 2 pour 100 jusqu'à 25 pour 100 degrés alcoométriques.
On y trouve aussi les quantités de chaleur que renferme à saturation
la vapeur d'un litre d'eau ou d'alcool, et pour calculer ces derniers
nombres, j'ai fait usage d'un raisonnement déjà employé au commen-
cement de cet écrit (art. 3), pour traiter une question analogue. Les
points de départ sont un peu différents, mais l'on arrive sensiblement
aux mêmes résultats.

TITRE des liquides distillés.	TITRE des produits de la distillation.	Température moyenne des vapeurs.	Température de saturation	CALORIES DE DILATATION par litre de vin distillé.			NOMBRE DE CALORIES PAR LITRE DISTILLÉ ou chaleur latente à saturation	
				EAU.	ALCOOL.	TOTAUX.	PAR LITRE D'EAU	PAR LITRE D'ALCOOL
							Moyenne	Moyenne
0.02	0.082	99.25	95	0.453	0.0308	0.4428	540.47	161.60
0.07	0.206	97.75	90	1.0318	0.196	1.218	543.95	163.50
0.09	0.262	97.50	88	1.2397	0.309	1.5406	545.34	163.80
0.11	0.312	97.	86.5	1.3445	0.418	1.763	546.38	164.2
0.13	0.377	96.25	85.00	1.4097	0.530	1.94	547.43 546.33	164.50 164.8
0.17	0.40	95.50	84.50	1.323	0.68	2.003	547.77	164.65
0.20	0.45	94.75	84.	1.253	0.778	2.031	548.12	164.72
0.23	0.50	94.50	83.50	1.245	0.915	2.16	548.47	164.82
0.25	0.52	94.25	83.	1.239	2.18	2.419	548.81	164.93

Lorsqu'on distillera un vin de titre connu, on connaîtra les volumes
d'eau et d'alcool vaporisés et, par conséquent, la quantité totale de
chaleur latente renfermée dans les vapeurs de ces produits. Si l'on opère
avec un vin de 11 pour 100 par exemple, un litre devenant 1,00836, le
volume d'eau de ce litre sera 0^l89836, qui donnera lieu pour l'eau à
0^l2695 et pour l'alcool a 0^l11. La chaleur latente de la vapeur d'eau
sera dès lors $0,2695 \times 546,33 = 147,25$, et celle de l'alcool $0,11 \times 164,08$
$= 18,06$. Total : $165^{cal}.31$. Le refroidissement devra donc d'abord
enlever par litre de vin distillé $165^{cal}.31$, mais de plus il aura dû
absorber $1^{cal}.76$ par litre pour amener la vapeur à saturation, ce qui
fera 167,07. (Voir *Note 2*, p. 66.)

CHAPITRE VII.

(12) Il est probable que dès le début de la distillation continue on a dû songer à détruire la chaleur par le vin lui-même soumis à la dis-tillation. La plupart, en effet, des appareils continus fonctionnent d'après ce principe. On est tout d'abord entraîné à comparer la chaleur que comporte la distillation d'un volume de vin avec celle que peut détruire ce même volume. On comprend très bien que lorsqu'un volume de vin entre dans un appareil pour y être distillé, une partie de ce volume doit en sortir en état de produit, tandis que l'autre partie en sort en état de résidu ou vinasse; c'est cette partie qui doit entraîner au dehors la chaleur produite pendant la distillation du volume consi-déré, car l'autre partie sort froide.

Voyons d'abord quel est ce volume qui sort en état de vinasse, et pour plus de simplicité, prenons pour volume total un litre de vin. Ce vin contiendra R centième d'alcool ou 0,01 R, et de plus le produit sera supposé au titre T centième alcool ou 0,01 T. Il faudra donc que $x \times 0{,}01\,\mathrm{T} = 0{,}01\,\mathrm{R}$, en appelant x le volume du produit qui est au titre 0,01 T, d'où $x = \dfrac{\mathrm{R}}{\mathrm{T}}$. Mais le volume total est 1, donc le volume de vinasse est $1 - \dfrac{\mathrm{R}}{\mathrm{T}} = \dfrac{\mathrm{T} - \mathrm{R}}{\mathrm{T}}$. Ici, pour ne pas compliquer le raison-nement, je ne tiendrai pas compte de la contraction. Ce volume de vinasse, qui entre à la température t dans l'appareil, en sortira à la température 100, 101 ou 102. Je prendrai 100, de telle sorte que pour un litre de vin à 0,01 R alcool et un produit au titre 0,01 T obtenu d'une manière quelconque, la chaleur entraînée au dehors sera :

$$\frac{\mathrm{T} - \mathrm{R}}{\mathrm{T}}\,(100 - t).$$

Cette formule nous donne le moyen d'établir le tableau de la page suivante.

Pour bien comprendre les résultats consignés dans ce tableau, et notamment ceux désignés par : *Quantité totale de chaleur latente pour la distillation d'un litre*, il faut remarquer que dans la quantité de chaleur à laquelle donne lieu la distillation d'un litre, on ne tient pas compte de la quantité de chaleur que renferme le produit liquide au-dessus du point auquel il est ramené et qui sera en général la température initiale du liquide soumis à la distillation. Si l'on en tenait compte, il faudrait aussi tenir compte, dans l'appréciation des moyens de condensation et de réfrigération, de l'alcool et du volume d'eau équivalents à ceux des produits, tandis qu'on ne tient compte que du volume de vinasse; dans ce cas, il ne faut aussi tenir compte, dans l'appréciation de la chaleur, que de la chaleur latente renfermée dans le produit de la distillation. Si le premier produit de la vaporisation éprouvait une certaine condensation dans sa vapeur aqueuse, cette eau condensée viendrait se joindre à la vinasse et prendrait aussi sa part de chaleur; c'est dans ce sens qu'il faut comprendre l'expression $\left(\dfrac{T-R}{T}\right)(100-t)$. Ce tableau comprend, pour les titres du vin, 7 à 9 pour 100 alcool, et les températures 0, 5, 10, 10, 20°. Les quantités totales de chaleur latente pour la distillation complète et les quantités de chaleur latente pour les produits au titre usuel de 52 pour 100 et dans les deux cas les valeurs $\left(\dfrac{T-R}{T}\right)(100-t)$.

TITRES des vins.	TEMPÉRATURE des vins.	CHALEUR latente pour la distillation complète.	TITRES des produits.	VALEUR de $\dfrac{(T-R)(100-t)}{T}$ pour la distillation complète.	Différence.	CHALEUR latente pour le produit à 52 %.	VALEUR ÉGALE de $\dfrac{(T-R)(100-t)}{T}$ pour le produit à 52 %.	DIFFÉRENCE.	Coefficient de vaporisation pour 52 %.	PERTES en alcool pour cette distillation.
										p. %
	0			66	94.57	86.5	86.5	0	0.137	12
	5			62.75	97.83	82.17	82.17	0	0.129	14
7 %	10	160°57	20.6 %	59.4	101.53	77.84	77.84	0	0.121	16
	15			56.1	104.47	73.51	73.51	0	0.114	18
	20			52.80	107.77	69.18	69.18	0	0.105	21
	0			65.04	99.81	82.70	82.70	0	0.123	15
	5			62.13	102.72	78.56	78.56	0	0.116	17
9 %	10	164.85	26.02	58.86	106.00	74.42	74.42	0	0.109	20
	15			56.59	109.26	70.28	70.28	0	0.101	22
	20			49.05	115.80	64.12	66.12	0	0.094	24
	0			64.54	100.64	80.00	80.00	0	0.113	18
11 %	5	165.18	31.02	61.31	103.87	76.00	76.00	0	0.105	21
	10			58.08	107.10	72.00	72.00	0	0.098	23
	15			54.85	110.33	68.00	68.00	0	0.091	25
	20			51.62	113.56	64.00	64.00	0	0.083	35

A la vue de ce tableau, dont il est inutile d'étendre plus loin les résultats, on comprend aisément la complète insuffisance du vin pour absorber et détruire la chaleur à laquelle doit donner lieu la distillation d'un volume de vin égal à lui-même. On peut aussi constater que si la distillation, aidée d'une manière quelconque par une certaine rectification, n'était poussée que jusqu'au point qui ne laisse dans le produit que la quantité d'eau relative au titre usuel 52 pour 100, on constate, dis-je, que cette opération elle-même donnerait lieu à des pertes d'alcool qu'il serait impossible d'admettre dans l'industrie.

L'expérience démontre heureusement que les appareils distillatoires continus qui ne font usage que du vin comme principal agent d'absorption de la chaleur, ne donnent pas lieu à d'aussi fortes pertes. Il est vrai, d'abord, qu'un agent dont on ne paraît tenir compte et dont les effets n'ont pu être appréciés dans le tableau qui précède, l'air atmosphérique qui agit sur les surfaces de l'appareil, vient prêter son concours à la rectification et tend à élever les coefficients de vaporisation qui sont écrits dans la dixième colonne. Mais là ne se trouve pas le secret du rendement plus complet des appareils dont il est ici question. Cette cause m'a paru ignorée ou oubliée par les distillateurs et fabricants d'appareils, et chaque fois que j'ai fait ressortir devant eux l'immense disproportion qui existe entre la quantité de chaleur que comporte la distillation et celle que peut absorber le vin, ils n'ont pas répondu ou bien ont cherché à donner des explications incompatibles avec les faits ou une saine logique.

(**13**) Mais avant de faire ressortir du mécanisme des appareils continus cette véritable cause qui en rend l'usage possible, je dois décrire sommairement les diverses parties de ces appareils; ils peuvent différer par les formes et les dimensions, peuvent être plus ou moins avantageusement disposés, mais rentrent tous dans le même cadre et atteignent à peu près le même but.

La *figure 1* représente l'ensemble d'un appareil distillatoire, du moins dans ses principales pièces, usité dans l'Armagnac.

C est une chaudière à retour de flamme au moyen de tubes à feu F latéraux, qui font l'office de bouilleurs et aboutissent à la cheminée. L'espace longitudinal $m\,m$ est le foyer, G la grille tubulaire, p la porte, C le cendrier, $n\,n$ le niveau ordinaire de la chaudière rendu manifeste par un tube en verre extérieur, indicateur de niveau. Le dôme bombé de la chaudière est surmonté par un cylindre de 0,45 à 0,50 de diamètre, terminé par un chapeau D. Ce cylindre prend le nom de *colonne;* cette colonne est divisée en quinze, seize, dix-sept et même dix-huit compartiments qui portent le nom de *plateaux.* Chaque plateau est formé par un disque *a a*, qui ferme exactement la colonne. Chaque

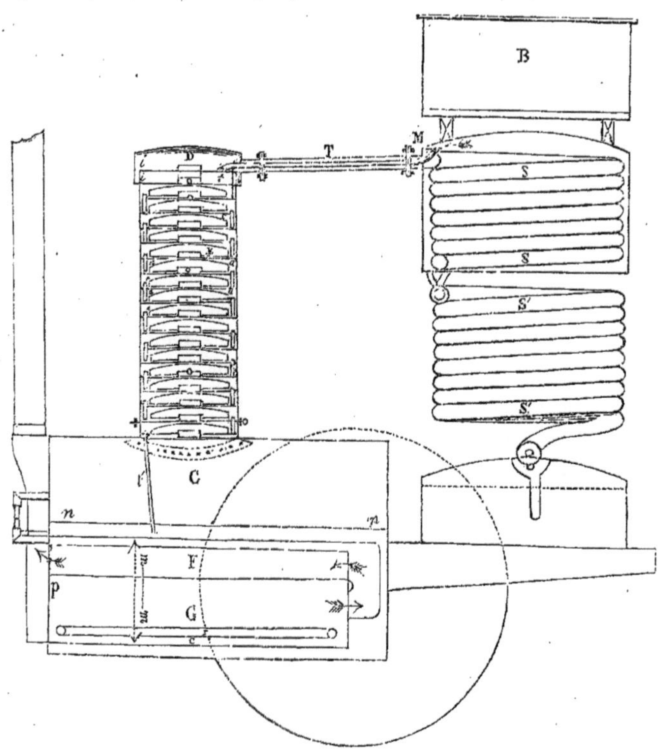

disque porte au centre une ouverture O, à rebords élevés de 2 à 2 centimètres 1/2. Il est de plus recouvert d'une calotte bombée, dont le rebord inférieur s'élève un peu au-dessus de la surface du disque. Des bouts de tubes *t*, alternativement placés à gauche et à droite, établissent la communication entre le plateau supérieur et le plateau inférieur, leur orifice supérieur s'élève un peu au-dessus du rebord de la calotte, leur orifice inférieur descend un peu plus bas. Le chapeau D sera formé d'un double fond *i i i i*, percé en dessus par l'ouverture *o* prolongée; l'espace vide sera occupé par la vapeur, tout autour circulera le vin. Cette première partie de l'appareil est destinée à la distillation; l'autre à la condensation des vapeurs et à la réfrigération du produit. Cette seconde partie est composée d'un chauffe-vin cylindrique M M, dans lequel est noyé un serpentin SS; en dessous se trouve placé, en général, un serpentin double dont le tube intérieur aboutit à un porte-éprouvette qui communique lui-même à un dépotoir placé assez haut au-dessus du sol pour que son contenu puisse couler dans une pièce ou futaille. Ce dépotoir est surmonté par un double fond qui recueille, par un jeu de robinet, le produit de la distillation pendant que le dépotoir se vide. Le chauffe-vin est surmonté par une cuvette ou bassin B, dans lequel le vin est élevé au moyen d'une pompe. Le fond du bassin est mis en communication, au moyen d'un tube muni d'un robinet, avec la partie inférieure de l'enveloppe extérieure du serpentin double. On voit aussi que le serpentin SS est mis en communication avec le tube intérieur du serpentin double à la sortie du chauffe-vin, que d'un autre côté le haut du chauffe-vin est mis en communication avec la partie extérieure du chapeau D, au moyen d'un tube enveloppé par la partie extérieure du tube T, dont la partie faisant manchon conduit la vapeur dans le haut du serpentin SS. Le tout est porté par une charrette qui est seulement indiquée dans la figure. J'ai oublié de dire que l'intérieur du serpentin annulaire qui renferme le vin dans le serpentin double est mis dans le haut en communication par un bout de tube avec le bas du chauffe-vin.

Voici maintenant le mécanisme de la distillation avec un semblable appareil. Le vin descend du bassin B, entre par le bas dans l'enveloppe du serpentin double, s'élève dans le chauffe-vin, vient sortir par le tube intérieur de T, entre dans le pourtour du chapiteau D, descend successivement dans les plateaux par les tubes t et arrive dans la chaudière par le tube plongeant t'. Les vapeurs poussées par l'action du foyer passent successivement par les ouvertures o, sont arrêtées par les calottes E, se recourbent, arrivent tout autour des rebords plongeants de ces calottes, refoulent le liquide en lui communiquant leur chaleur et le vaporisant dans une certaine mesure, s'élèvent en se condensant ou se rectifiant en partie, enfilent l'enveloppe T, pénètrent dans le serpentin SS où elles se condensent en grande partie, et enfin achèvent leur condensation et se refroidissent à l'état du produit liquide pour entrer dans le dépotoir en passant par le porte-éprouvette.

On comprend maintenant que la vapeur sortant en grande partie aqueuse de la chaudière et possédant une température supérieure à celle d'ébullition du vin pourra, par sa substitution, faire bouillir ce vin qu'elle refoulera dans les plateaux de la colonne, si toutefois ce vin a déjà acquis sa température d'ébullition. Ce sera précisément ce produit de la vaporisation du vin qui portera à l'ébullition le vin qui vient après, et que plus bas, dans les plateaux inférieurs, au point où ce réchauffement existera, cette vaporisation par substitution pourra s'effectuer. Sans doute, toute la chaleur de la vapeur ne sera pas employée à la vaporisation, une petite partie réchauffera successivement le vin restant pour le porter successivement à son point d'ébullition. Mais on peut comprendre que cette substitution de vapeur par la vaporisation d'une partie du vin aura lieu en grande partie.

Cela posé, lorsque des corps se suivent intacts ou modifiés et que successivement les plus avancés reçoivent une action directe dans un temps t, qu'ils transmettent aux corps suivants successifs dans ce temps t, il est clair que chaque corps qui vient de recevoir l'action directe aura reçu deux fois l'action, l'une indirecte, d'abord, et l'autre directe. Ainsi, au bout du temps mt, il y aura eu m actions directes, et les corps qui se seront succédé auront reçu $2m$ actions, savoir : m actions directes et m actions indirectes. Seulement, dès le début, il aura fallu transmettre au premier corps une action indirecte qui n'aura pas passé par un corps précédent. Tel est le mécanisme de la distillation qui s'opère au moyen d'une chaudière surmontée d'une colonne à plateaux. L'action directe du foyer peut se transmettre indirectement au vin qui marche dans la colonne, parce que la vapeur qui émane du liquide qui a reçu l'action directe dans la chaudière peut être remplacée par la vapeur émanée du vin dans la colonne. Le vin intact ou modifié aura ainsi reçu deux fois l'action de la chaleur pendant que cette dernière n'est produite qu'une fois et ne doit par conséquent être finalement détruite qu'une fois. Tel est le secret et la cause qui rendent la distillation continue possible, avec le seul secours du vin, sans donner lieu aux pertes d'alcool indiquées dans le tableau précédent. La vapeur sortant de la chaudière peut faire bouillir le vin qui descend dans les plateaux de la colonne; tout est là. Cette ébullition même n'aura lieu que dans une certaine limite, et il ne faudrait pas chercher dans cette vapeur du vin le moyen de faire bouillir d'autre vin, car cette vapeur est à une température inférieure à celle où bout le vin.

Si le coefficient de vaporisation, dans la colonne, correspondait à une perte de 0,20, par exemple, et celui de la chaudière à celle 0,25 en alcool, la perte ne serait que les 0,25 des 0,20 ou les 0,05 du total.

CHAPITRE VIII

(**14**) Afin d'établir les relations qui doivent nous servir à saisir l'ensemble des circonstances qui accompagnent la distillation, je désignerai par :

T' le nombre de centièmes en alcool pur du produit final;

T le nombre de centièmes en alcool pur du produit sortant de la colonne ou tout autre appareil de distillation;

R le nombre de centièmes en volumes alcool à toujours à 15° du vin distillé;

V le volume du vin en litres dépensé par heure;

Q le nombre de calories sortant par heure de la chaudière : pour les appareils ordinaires et dans les conditions ordinaires ce nombre sera à peu près 50,000 calories;

q le nombre de calories transmises par heure à l'air ambiant par les surfaces de l'appareil, colonne et chauffe-vin;

t la température du vin entrant dans l'appareil : ce sera aussi en général celle de l'air ambiant ou de l'eau, si l'on fait usage de cette dernière;

φ le coefficient de vaporisation du volume d'eau contenu dans le vin;

φ' le coefficient de vaporisation du volume de liquide maintenu dans la chaudière joint à celui qui passe par heure dans cette chaudière;

V' le volume normal du liquide contenu dans la chaudière.

Si l'on considère un certain volume de liquide tombant dans la chaudière pendant qu'un volume égal en sort, le premier aura resté la moitié du temps dans la chaudière pendant que la totalité y entre, de même le volume égal qui sort pourra être considéré comme ayant séjourné la moitié du temps dans la chaudière pendant qu'il effectue sa sortie, les choses se passeront comme si le volume total entrant pendant le temps considéré avait séjourné pendant tout ce temps dans la chaudière. Donc le volume de liquide qui arrive pendant une heure dans la chaudière, et qui remplace un volume équivalent sortant, pourra être considéré comme ayant séjourné pendant une heure dans la chaudière. V' étant le volume normal de la chaudière, on pourra supposer que c'est de ce volume que sortent les vapeurs qui passent dans la colonne. Mais pendant qu'un certain volume de liquide sort à l'état de vapeur de la chaudière, un égal volume y rentre à l'état de liquide provenant de la condensation : V' demeurera donc constant et le coefficient φ' devra affecter non seulement V', mais aussi le volume de vinasse qui tombe pendant une heure dans la chaudière. Ce liquide renfermera toujours une certaine quantité d'alcool qui, lui, ne rentrera pas dans la chaudière dès qu'il en sera dégagé dans une proportion précisément dépendante de φ'.

Il serait donc utile de faire en sorte que V' soit le plus petit possible, sans toutefois dépasser la limite qui convient à la marche régulière de la chaudière.

(**15**) D'après ce que nous savons déjà, nous pouvons écrire :

$$\frac{V(T-R)(100-t)}{T} = Q - q.$$

Q est la quantité totale de chaleur qui sort de la chaudière pendant l'unité de temps, une heure dans le cas actuel, q sera non seulement la quantité totale de chaleur que peut enlever l'air autour de la colonne et du chauffe-vin, mais aussi celle que pourrait enlever tout autre moyen; l'eau par exemple s'il y avait lieu.

De l'équation précédente on déduit :

$$\frac{V(T-R)}{T}, \text{ c'est-à-dire le volume de vinasse} = \frac{Q-q}{100-t}.$$

Dans les distillations ordinaires faites avec les appareils dont nous nous occupons ici, la température du liquide au haut des chauffe-vins s'élève à 85° environ. Le volume de vinasse qui entre dans l'appareil à la température t s'élève donc au moment de sa sortie du chauffe-vin pour entrer dans la colonne à la température de 85°, et aura absorbé la quantité de chaleur exprimée par $\frac{(Q-q)}{100-t}(85-t)$. Cette quantité de chaleur a été produite par substitution dans la colonne, mais elle n'est pas la seule; il faut y joindre celle qui est détruite par l'autre agent d'absorption de la chaleur, c'est-à-dire l'air agissant sur les surfaces de la colonne et du chauffe-vin et absorbant une autre quantité de chaleur produite par substitution de vapeur dans la colonne. Mais cette portion du liquide, la vinasse, doit être élevée à la température de 100° environ avant sa sortie de la colonne pour entrer dans la chaudière et prendre 15 calories par litre pour pouvoir participer à l'ébullition du liquide depuis son entrée dans la colonne jusqu'au moment où elle en sort. Cette vinasse aura donc pris sur la quantité de chaleur totale Q, la quantité de chaleur exprimée par $\frac{(Q-q)}{100-t}(85-t) + \frac{(Q-q)}{100-t}15 = Q-q$ [1], ainsi que nous le savons déjà. Quant à l'autre partie du liquide, le produit, il prendra bien sa part de chaleur pour participer à l'acte d'ébulition, mais puisqu'il n'en entraîne pas au dehors, il doit la restituer à l'intérieur et il n'y a pas lieu d'en tenir compte.

La quantité $\frac{(Q-q)(85-t)}{100-t}$ serait donc l'expression d'une partie de la vaporisation produite dans la colonne, l'autre partie serait évidemment égale à q diminué d'une certaine quantité de chaleur, q' transmise à l'air par la colonne sans substitution, de telle sorte que la distribution de la chaleur totale pourrait être considérée ainsi :

Chaleur de vaporisation dans la colonne, $+\dfrac{(Q-q)85-t)}{100-t}$, 1re partie.

Chaleur de réchauffement de la vinasse, $+\dfrac{(Q-q)15}{100-t}$.

Chaleur de vaporisation dans la colonne, $+\,q-q'$, 2e partie.
Chaleur perdue sans transmission, $\quad +\,q'$

$$\text{Somme} = Q.$$

Nous donnons dans le tableau ci-dessous les valeurs approximatives de q, de q' et, par conséquent, de $q-q'$, pour les appareils ordinaires.

---

[1] Ici et dans ce qui va suivre, j'ai supposé la température du liquide sortant du chauffe-vin égale à 85°, afin de ne pas encombrer les calculs de quantités indéterminées. Il faudrait réellement écrire $\frac{(Q-q)}{100-t}(\Theta-t) + \frac{(Q-q)(100-\Theta)}{100-t} = Q-q$. A la vérité cette température du liquide au haut du chauffe-vin s'éloigne peu de 85°. Toutefois je n'ai laissé subsister cette quantité sous cette forme déterminée que pour mieux faire voir comment on doit se servir des formules. Quand je voudrai et quand on voudra, au moyen des formules qui vont résulter des notions précédentes, calculer les quantités qui en dépendront, il faudra substituer au nombre 85 la quantité Θ, à laquelle on attribuera diverses valeurs. Θ, on le voit d'ailleurs, est la valeur générale qui remplace le nombre 85 de la formule.

Nous insérons aussi dans la dernière colonne les valeurs de $\dfrac{(Q-q)(85-t)}{100-t}$ dans l'hypothèse de $Q = 50000$ calories ; il sera facile de déterminer les valeurs de $\dfrac{(Q-q)15}{100-t}$.

TEMPÉRATURE de L'AIR.	COLONNE			CHAUFFE-VIN		q	$Q = 50000.$ $\dfrac{(Q-q)(85-t)}{100-t}$
	SURFACE.	Transmission directe à l'air (q') sans substitution.	Transmission à l'air après substitution.	SURFACE.	Transmission à l'air.		
	m. c.	calories.	calories.	m. c.	calories.	calor.	calories.
0°	2.36	1088	1087	3.00	2766	4941	38300
5°		1010	1011		2637	4658	38269
10°		967	968		2450	4385	37997
15°		903	903		2360	4170	37718
20°		875	876		2224	3975	37372

On comprendra, en examinant les résultats consignés dans ce tableau, que les quantités de chaleur, agissant sur le liquide dans la colonne et se transmettant par substitution pour y faire bouillir le liquide qui y circule, seront formées des nombres de la dernière colonne, augmentés des valeurs de q moins celles de q'.

Ainsi, pour la température zéro cette quantité de chaleur sera composée du nombre $38300 + 4941 - 1088 = 42153$.

Pour 5° on aura. . . . . $= 41918$.

— 10° — . . . . $= 41415$.

— 15° — . . . . $= 40985$.

— 20° — . . . . $= 40472$.

Ces nombres devront être consultés lorsqu'on voudra apprécier les vaporisations produites dans la colonne, et comparer leurs résultats avec la quantité totale d'eau contenue dans les liquides d'où elles émaneront, afin d'apprécier le coefficient de vaporisation dans le sens déjà indiqué, et, par conséquent, la perte en alcool qui doit en résulter dans la dite colonne ; si, de plus, on tient alors compte de tout ce liquide qui passe dans la chaudière, et qu'on y détermine de la même manière le coefficient de vaporisation qui y est relatif, et, par conséquent, la perte en alcool qui en résulte, on pourra finalement, en multipliant l'une par l'autre les expressions des deux pertes, évaluer la perte totale qui pourra être faite : ceci toujours dans l'hypothèse des appareils ordinaires dont les chaudières sont supposées fournir 50000 calories à l'heure.

D'après ce qui a été dit plus haut, on a :

$$\frac{(Q-q)(85-t)}{100-t} + q - q' = Q - \frac{(Q-q)\,15}{100-t} - q'.$$

Le premier membre de cette relation exprime la quantité de chaleur employée à la vaporisation dans la colonne, par conséquent le second membre exprime aussi la même quantité; or, ce second membre peut être mis sous la forme

$$\frac{100\,Q + 15\,q + t\,q' - 15\,Q - t\,Q - 100\,q'}{100-t},$$

d'où il résulte que, pour les mêmes Q, t, q', plus q augmente, plus la quantité de vaporisation augmente, mais q se composant de q' et des deux quantités de transmission utiles dans la colonne et le chauffe-vin, plus ces transmissions augmenteront, plus la vaporisation dont il est question sera considérable.

Si l'on désigne par n le coefficient 15, qui multiplie les quantités q et Q dans la relation précédente, on pourra écrire :

$$\frac{100\,Q + t\,q' - n\,(Q-q) - t\,Q - 100\,q'}{100-t}.$$

De sorte que plus ce coefficient n diminue en même temps que q augmente, plus, par ce double motif, l'expression totale représente une plus grande quantité; mais à mesure que q augmente, le volume de vinasse diminue, et comme alors, par cette augmentation de chaleur appliquée à la vaporisation d'un moindre volume de liquide, la température doit augmenter, n doit, de son côté, diminuer; donc alors, comme il vient d'être dit, par ce double motif, une plus grande vaporisation doit s'appliquer à un moindre volume et produire un plus grand rendement.

(**16**) Avant d'aller plus loin, établissons que si l'on désigne par K la quantité totale de chaleur qui entre dans la colonne, diminuée de la quantité de chaleur transmise à l'air dans la dite colonne, nous aurons :

à 0° pour air et liquide, K = 47825.
à 5°   —   K = 47979.
à 10°   —   K = 48065.
à 15°   —   K = 48194.
à 20°   —   K = 48249.

(Voir le tableau ci-dessus, hypothèse 50000 calories à l'heure.)

Si, de plus, on désigne par C la quantité totale de chaleur transmise à l'air ou absorbée par un moyen quelconque, dans le chauffe-vin, nous aurons aussi dans l'hypothèse actuelle :

$$
\begin{aligned}
&\text{à } \ 0° \ldots\ldots\ldots\ldots\ldots\ldots \ K - C = 45059. \\
&\text{à } \ 5° \ldots\ldots\ldots\ldots\ldots\ldots \ K - C = 45342. \\
&\text{à } 10° \ldots\ldots\ldots\ldots\ldots\ldots \ K - C = 45615. \\
&\text{à } 15° \ldots\ldots\ldots\ldots\ldots\ldots \ K - C = 45834. \\
&\text{à } 20° \ldots\ldots\ldots\ldots\ldots\ldots \ K - C = 46025.
\end{aligned}
$$

(**17**) Ces nombres établis, nous savons déjà que, sans tenir compte de la contraction, un volume V de vin au titre R/100 alcool renferme $V - 0,01\,RV$ eau et $0,01\,RV$ alcool.

Si l'on distille complètement ce volume V, la chaleur latente relative au volume d'eau vaporisé sera $(546\,V - 5.46\,RV)\,0,30$, la quantité de chaleur latente relative à l'alcool sera, de son coté, $1.64\,RV$.

La quantité de chaleur latente totale aura donc pour expression :

$$0,3 \times 546\,V - 0,30.5.46\,RV + 1.64\,RV = 0,3.546\,V - 1,638\,RV + 1,64\,RV,$$

ou bien à très peu près $0,3.546\,V$. C'est-à-dire que la chaleur latente des vapeurs, eau et alcool, résultant de la vaporisation d'un liquide dont on veut extraire tout l'alcool, aura pour expression à très peu près les $0,30$ de la chaleur latente du volume total vaporisé comme s'il était formé d'eau seule, *ce qui veut dire qu'un même volume d'un liquide alcoolique quelconque exige la même quantité de chaleur pour sa distillation complète, une fois arrivé à son point d'ébullition.* Ce résultat est remarquable, et comme il dépend du coefficient $0,30$, on peut y découvrir un nouveau caractère de certitude dans la valeur de ce coefficient.

Lorsqu'on aura un produit au titre T/100 et qu'on voudra obtenir un produit à T'/100, on fera rétrograder, pour être redistillée, une portion du premier produit, et, en général, que je désignerai par x. Il faudra donc redistiller, d'après la règle précédente, les $0,30$ de x comme si c'était de l'eau, et joindre au volume total dont on a retranché x, ces $0,30$ de x pour avoir le volume final qui est ici $\dfrac{RV}{T'}$; on devra donc avoir :

$$\frac{RV}{T} - x + 0,30\,x = \frac{RV}{T'}, \quad \text{l'on trouve } x = \frac{1,43\,RV(T' - T)}{TT'}.$$

La quantité de chaleur relative à cette deuxième distillation sera donc

$$0,30.546.\,1,43\,RV(T' - T) = 234\,\frac{RV(T' - T)}{TT'} \quad \text{en nombre rond (3).}$$

(**18**) Les raisonnements qui précèdent s'appliquent à la distillation en général et peuvent convenir à tous les appareils distillatoires, mais ceux qui vont suivre, bien qu'ayant au fond un caractère de généralité, auront cependant plus particulièrement en vue la distillation qui s'opère au moyen des appareils continus, qui n'emploient que le vin seul pour condenser les vapeurs et refroidir les produits. Je voudrais surtout éclairer la question de leur rendement et en rendre la solution indépendante de toute opération pratique. On pourrait à bon droit être étonné d'une semblable prétention, car quoi de plus concluant que l'expérience et la pratique? C'est pourtant parce que cette pratique laisse en général l'observateur dans l'incertitude que, détrompé moi-même, je suis forcé de me réfugier dans le raisonnement. Quoi de plus simple, en apparence, que de mesurer d'avance le vin qu'on a à distiller, d'en connaître la richesse alcoolique et de comparer le résultat obtenu avec celui qu'on devrait réellement recueillir? Cette simplicité apparente offre pourtant une grande difficulté. Qui pourrait affirmer qu'un foudre contenant, par le cubage, 50 hectolitres, n'en contient pas réellement 48 ou 49 en dessous ou bien 52 ou 51 en dessus? Il y a toujours la lie, le manquant, les inégalités du bois qui feront naître quelque incertitude dans l'esprit. Cependant on est exposé, en prenant ces chiffres, par exemple, à faire une erreur de 4 à 2 pour 100 en dessous ou de 4 à 2 pour 100 en dessus. L'appréciation de la richesse du vin laissera moins d'incertitude, et, en général, on pourra compter sur elle. Mais il n'en sera pas de même, on ne sera plus aussi certain du volume d'eau-de-vie obtenu. Qui peut affirmer qu'un dépotoir contenant 100 litres en apparence, ne contient pas réellement 99 ou 101 litres? Ces différences, répétées un grand nombre de fois, finissent par altérer sensiblement le résultat final, tendent ou bien à faire admettre comme bons des résultats ou rendements défectueux, ou pour mauvais des résultats ou rendements bons. L'appréciation même du titre de l'eau-de-vie obtenue, réellement obtenue au sortir du porte-éprouvette, sera un nouveau sujet d'incertitude et de doute pour l'esprit. On aura bien le titre de l'eau-de-vie actuellement dans les pièces, mais n'y a-t-il pas une perte d'alcool dans le passage par le porte-éprouvette, le dépotoir et le transvasement du dépotoir dans la pièce? Je pense même que suivant la température du produit sortant de l'appareil et celle de l'air extérieur, cette perte s'élève de 1 à 2 pour 100. On pourrait bien, il est vrai, distiller une petite quantité de vinasse sortant de la chaudière et reconnaître ainsi si elle renferme encore de l'alcool et quelle quantité elle renferme, mais cette recherche est plus difficile à exécuter qu'on pourrait le penser. D'ailleurs tous ces moyens d'appréciation qui pourraient mettre en évidence le rendement défectueux d'un appareil, viendraient toujours échouer devant cette réponse que l'appareil a été accidentellement mal conduit, que le bois était mauvais, que les appréciations sont mal faites, que l'appareil, en un mot, est parfait dans toutes ses dispositions. Comment combattre ces assertions exagérées d'un côté; comment, de l'autre, réduire à leur juste valeur les plaintes, les récriminations exagérées aussi des propriétaires?

D'après cela, et pour couper court à toutes ces assertions ou discussions oiseuses et stériles, j'ai cherché à déduire des conditions dans lesquelles fonctionne un appareil distillatoire, quelle devait être la perte en alcool à laquelle il devait *nécessairement* donner lieu, en supposant même que son travail s'accomplisse de la manière la plus favorable pour les circonstances données.

(19) Il est une chose, dans un appareil distillatoire qui fonctionne, à peu près invariable et que je considèrerai comme invariable (¹), c'est la quantité de chaleur que fournit son foyer ou sa chaudière dans un temps donné, une heure par exemple. Les quantités de chaleur transmises à l'air intérieur par les surfaces de l'appareil varieront avec la température de l'air, ces surfaces étant elles-mêmes invariables. D'après les dispositions et dimensions qu'on donne ou que l'on peut donner aux appareils continus locomobiles usités, ceux que nous avons ici plus particulièrement en vue, le foyer et la chaudière peuvent transmettre par heure et sous forme de chaleur latente à la colonne un maximum de 50000 calories. Nous avons déjà admis ce nombre et en avons déduit les conséquences qui en résultent touchant les quantités de chaleur qui passent dans les diverses parties de l'appareil.

Il pourrait bien arriver que dans certains cas cette quantité de chaleur fournie par heure à la colonne fût au-dessous de 50000 calories, se réduisît à 45000 calories par exemple. Alors la quantité de vin, le volume de vin dépensé par heure devrait diminuer, et la perte de chaleur par les surfaces aurait sur le rendement une influence favorable

---

(¹) Les appareils continus dont on se sert dans nos contrées sont munis de régulateurs du feu qui m'autorisent à admettre ce principe.

relativement plus grande. Mais dans les limites de variation possible de cette quantité de chaleur, cette influence serait à peine sensible, et je me tiendrai au nombre admis ci-dessus.

(20) Il est facile de créer une foule de relations entre les quantités des éléments qui concourent à la distillation. La difficulté consiste dans le choix de celles qui conduisent à des résultats réellement utiles. Il est bien vrai, par exemple, que la vinasse absorbe une quantité de chaleur représentée par $\dfrac{(T-R)}{T} V(100-t)$, et l'on sait ce qu'expriment les lettres employées ici. Ceci sera ce que j'appellerai une condition générale, une condition d'ensemble dont on ne pourra retirer un parti utile qu'autant que le produit sortira réellement de l'appareil au titre final T/100. Pour cela, il faudra établir certaines conditions entre les quantités des éléments primitifs qui constitueront les véritables conditions de la distillation, car si l'on obtient réellement le titre final T/100, celle relative à l'absorption de chaleur pour la vinasse et représentée par $\dfrac{(T-R)}{T}(100-t) V$ s'ensuivra nécessairement.

(21) La température qu'aura le vin au haut du chauffe-vin doit ici jouer un rôle important. Dans les appareils ordinaires, cette température ne s'écartera guère de 85°, un peu plus ou un peu moins, suivant la richesse du vin, et j'adopterai provisoirement 85°. Ce nombre, d'ailleurs un peu modifié, n'aurait qu'une influence légère sur les résultats de l'opération.

(22) Si nous pouvions saisir un état d'équilibre, devant exister nécessairement dans une partie de l'appareil, nous pourrions en déduire les conditions de la distillation.

Voyons ce qui doit se passer dans le chauffe-vin.

Le volume V du vin qui y entre pendant une heure sera composé du volume d'eau $V-0,01\,VR$ et du volume d'alcool $0,01\,VR$. Ces volumes seront élevés à la température de 85° et avaient primitivement, c'est-à-dire à leur entrée la température t ; ils auront donc acquis la quantité de chaleur par litre exprimée par $85-t$. L'eau aura absorbé la quantité de chaleur exprimée par $(V-0,01\,VR)(85-t)$. L'alcool, celle exprimée, à très peu près, par $0,005\,RV(85-t)$.

Le total sera $(V-0,005\,RV)(85-t)$ calories (4).

Mais le produit liquide $\dfrac{RV}{T}$ que, pour plus de simplicité, nous supposons aussi à la température de 85° au moment où il va commencer à se refroidir, ce produit, en se refroidissant jusqu'à la température t, devra, avant tout, laisser dans le vin la quantité de chaleur exprimée par $\left(\dfrac{R\,V}{T'} - 0,005\,R\,V\right)(85 - t)\ (5)$.

Donc, la quantité de chaleur latente que pourra prendre le vin pendant une heure, dans le chauffe-vin, aura pour expression la différence des deux quantités (4) (5), c'est-à-dire $\left(\dfrac{V\,T' - R\,V}{T'}\right)(85 - t)$ ou en développant $\dfrac{85\,V\,T' - 85\,R\,V - V\,T'\,t + R\,V\,t}{T'}$, et, si à cette quantité nous ajoutons le nombre C, qui représente, nous le savons, le nombre de calories transmises à l'air par la surface du chauffe-vin, plus un certain nombre de calories relatives au refroidissement au moyen d'une quantité d'eau indéterminée, nous aurons pour exprimer la quantité de chaleur latente qui sera détruite dans le chauffe-vin par le vin ou tout autre agent extérieur, pendant que le volume V de vin coule, l'expression $\dfrac{85\,V\,T' - 85\,V\,R - V\,T'\,t + R\,V\,t + C\,T'}{T'}\ (6)$.

D'un autre côté, la quantité de chaleur latente renfermée dans la vapeur du produit $\dfrac{R\,V}{T}$, qui entre aussi pendant une heure dans le chauffe-vin, sera exprimée par $\dfrac{546\,R\,V - 5,46\,R\,V\,T}{T}$ pour l'eau, et par $\dfrac{1,64\,R\,V\,T}{T}$ pour l'alcool, ou bien ensemble par $\dfrac{546\,R\,V - 3,82\,R\,V\,T}{T}$ et par conséquent aussi par $\dfrac{546\,R\,V\,T' - 3,82\,R\,V\,T\,T'}{T\,T'}$.

Mais de plus, il entrera dans le chauffe-vin le produit de la seconde distillation représenté par $\dfrac{1,43\,R\,V\,(T' - T)}{T\,T'}$, donnant lieu lui-même à la quantité de chaleur exprimée par $\dfrac{234\,R\,V\,(T' - T)}{T\,T'}$.

L'on pourra donc écrire :

$$\frac{546\,R\,V\,T' + 234\,R\,V\,T' - 3,82\,R\,V\,T\,T' - 234\,R\,V\,T}{T\,T'}$$
$$= \frac{85\,V\,T' - 85\,R\,V - V\,T'\,t + R\,V\,t + C\,T'}{T'}.$$

D'où l'on tire finalement :

$$(7) \qquad T = \frac{780\,R\,V\,T'}{85\,V\,T' + 149\,R\,V - V\,T'\,t + R\,V\,t + C\,T' + 3,82\,V\,T'\,R}\ [1].$$

(23) On peut aussi trouver une autre expression de T au moyen des considérations suivantes.

La quantité de chaleur que renferme le produit au titre $T/100$ sera composée de K moins la quantité de chaleur nécessaire à la redistillation du volume rétrogradé, moins la quantité de chaleur nécessaire pour élever la vinasse de la température 85 à celle que doit posséder cette vinasse dans la chaudière, c'est-à-dire 100 ou 101 (je prendrai 100). Si de cette quantité de chaleur ainsi réduite on retranche celle qui est relative à l'alcool, on aura celle de la vapeur d'eau, et si on divise cette différence par 546 on aura le volume d'eau ; si à ce volume on ajoute le volume d'alcool, on aura le volume total qu'on pourra égaler à $\dfrac{R\,V}{T}$. De cette équation, on déduira la seconde expression cherchée de T.

L'on aura donc :

$$\left\{ K - \left(\frac{234RVT' - 234RVT}{TT'} \right) - \frac{15\,V\,(T' - R)}{T'} - 1.64VR \right\} \frac{1}{546} + 0,01VR = \frac{VR}{T}$$

Ou :

$$KTT' - 224\,RVT' + 234\,RVT - 15\,VT'T + 15\,VRT - 1.64\,VRTT'$$
$$+ 5.46VRTT' = 546VRT'.$$

Éliminant T l'on trouvera :

$$(8) \qquad T = \frac{780\,RVT'}{KT'' + 249\,RV - 15\,VT' + 3.82\,VRT'}.$$

Égalant entre elles les deux valeurs de T l'on arrive en fin de compte à l'expression :

$$(9) \qquad V = \frac{(K - C)\,T'}{(T' - R)\,(100 - t)},$$

---

[1] On pourrait penser, à la première vue, que cette équation n'est pas homogène. Si, en effet, T' et R exprimaient des millièmes, et par conséquent des *nombres* 10 fois plus grands que s'ils exprimaient des centièmes, T devrait être aussi 10 fois plus grand. Dans cette hypothèse, le numérateur devient 100 fois plus grand (R T'). Chaque terme du dénominateur devrait être 10 fois plus grand seulement. Or, le terme 3,82 V T R paraît devenir 100 fois plus grand. Les autres sont bien seulement 10 fois plus grands, mais le coefficient 3,82 devenant alors 10 fois plus petit, l'homogénéité est rétablie.

ce qui doit être et justifie le raisonnement et les calculs qui y ont conduit.

On pourra donc se servir de l'une des relations (7) $\times$ (8) et de celle qui dérive de leur combinaison pour calculer la valeur de deux des quantités indéterminées qui y entrent, les autres étant connues.

On peut, par exemple, supposer $T = T'$ dans les deux relations (8) $\times$ (9) et éliminer de chacune la valeur de V; égalant ensuite ces deux valeurs de V on aura une nouvelle équation qui servira à calculer T' ou T qui sont devenus les mêmes t, R, K, C, étant connus.

Ici l'on supposera qu'il n'y a pas de rétrogradation, puisque $T = T'$. Les valeurs trouvées pour T seront donc les plus grandes possible que l'on pourra obtenir. K et C ne varieront pas en général dans les appareils ordinaires pour une valeur donnée de t. Si l'on se donne une valeur de R et qu'on suppose une variation de t comprise entre 0 et 20, on pourra ainsi calculer les plus grandes valeurs de T correspondantes à R pour ces diverses valeurs de t. J'ai déjà donné le tableau des valeurs approximatives de K — C pour les appareils ordinaires répondant aux valeurs de t comprises entre 0 et 20.

Combinant donc les deux relations (8) et (9), ainsi qu'il vient d'être dit, l'on aura, en se servant des valeurs ci-dessus pour (K — C) :

$$(10) \quad \begin{cases} \text{pour } t = 0 \quad \dfrac{1.063}{531\,R - 3.82\,RT + 15\,T} = \dfrac{1}{(T - R)\,100} \\[2ex] t = 5 \quad \dfrac{1.058}{531\,R - 3.82\,RT + 15\,T} = \dfrac{1}{(T - R)\,(100 - 5)} \\[2ex] t = 10 \quad \dfrac{1.054}{531\,R - 3.82\,KT + 15\,T} = \dfrac{1}{(T - R)\,100 - 10} \\[2ex] t = 15 \quad \dfrac{1.051}{531\,R - 3.82\,RT + 15\,T} = \dfrac{1}{(T - R)\,(100 - 15)} \\[2ex] t = 20 \quad \dfrac{1.05}{531\,R - 3.82\,RT + 15\,T} = \dfrac{1}{(T - R)\,(100 - 20)} \end{cases}$$

En combinant les deux équations (8) et (9) l'on a d'abord :

$$\frac{K}{780\,R - 249\,R + 15\,T - 3,82\,R\,T} = \frac{K - C}{(T - R)\,(100\,t)}$$

(T' étant égal à T). Si l'on fait usage maintenant des nombres de l'art. (11) qui sont indépendants de la température Θ au haut du chauffevin et qui est ici supposée égale à 85, l'on trouve, en divisant les deux numérateurs de l'équation précédente par K — C, les relations (10). Si l'on désigne par m les numérateurs 1,063, 1,058 .....1,05, que de plus on introduise dans le calcul Θ en place de 85° et que l'on tienne compte de la manière dont les nombres 531 et 15 sont formés par rapport aux nombres 780 et 234, art. (17) et (22), qui entrent dans la formation des formules (7) et (8) et qui sont indépendants de Θ, l'on arrive à la valeur générale pour T, toujours dans l'hypothèse de 50000 calories à l'heure et des nombres de l'art. (11) qui conviennent à la plupart des appareils et qu'on peut modifier suivant les circonstances, l'on trouve pour la valeur de T :

$$(11) \qquad T = \frac{R\,446 + \theta + m\,(100 - t)}{3,82\,R \cdot - 100 + \theta + m\,(100 - t)}.$$

On peut d'abord remarquer que T augmente à mesure que R et t augmentent, et que T diminue à mesure que Θ augmente ([1]).

Cette formule servira pour trouver les titres de premier jet des produits de la distillation continue des vins dont la richesse serait R, exécutée avec les appareils ordinaires qui n'emploient que le vin et dont les chaudières fournissent 50000 calories environ par heure. Θ est indéterminé dans cette relation ; on lui attribuera une valeur approximative et l'on calculera T. Il faudra alors que Θ réponde au point d'ébullition d'un liquide dont la richesse alcoolique est 0,01 T. S'il en est autrement, on modifiera la valeur de Θ d'abord adoptée et l'on calculera de nouveau T. C'est par cette interpolation qu'on arrivera, pour T et Θ, à des valeurs qui peuvent marcher ensemble.

On pourra donc aussi déterminer les valeurs successives de T pour des richesses et des températures variables, en ayant soin d'écrire en place de m les valeurs qui lui conviennent. On n'aura guère à distiller

---

([1]) En effet, la différentielle de T par rapport à R sera :

$$\frac{dR\,(446 + \theta + m)\,[-100 + \theta + m\,(100 - t)]}{[3.82\,R - 100 + \theta + m\,(100 - t)]^2}.$$

Par rapport à t, elle sera :

$$\frac{dtm\,[(442,18\,R + 100 + (R - 1)\,(\theta + 100 - m)]}{[3,82\,R - 100 + \theta + m\,(100 - t)]^2}.$$

Par rapport à θ, elle sera :

$$\frac{d\theta R\,(2,82 - 200)}{[3,82\,R - 100 + \theta + m\,(100 - t)]^2}.$$

Dans le premier et le second cas, cette différentielle est évidemment positive, mais elle est négative dans le troisième,

des vins d'une richesse inférieure à 7 pour 100, inférieurs à zéro, ou supérieure à 20° en température. Quant aux vins plus riches, ils dépasseront rarement 13 pour 100. C'est donc dans les limites de 7 à 13 pour 100 pour les richesses, et de zéro à 20 pour la température qu'il faudrait chercher les valeurs de T, afin de savoir, pour chaque cas, quelle est la plus grande valeur de T qu'on peut obtenir de premier jet, sans rétrogradation. Il sera plus simple d'éliminer t de l'équation (11), d'y introduire 52 en place de T et 83 en place de Θ; 83°, en effet, correspondent à la richesse 52. On écrira d'ailleurs en place de m une valeur moyenne entre celle qui est relative à zéro et celle qui correspond à 20, ce sera 1,056. On aura donc ainsi :

$$(12) \qquad t = \frac{4607 - 439,96\,R}{1,056\,(52 - R)}.$$

En introduisant dans cette relation (12), en place de R, des valeurs successives, et calculant celles qui sont relatives à t, l'on trouve d'abord que pour la richesse 7 pour 100, t devrait être égal à 32, et comme on ne peut admettre, pour le vin, une semblable température, il faudra, pour les vins de cette richesse dont la température initiale ne s'élèvera pas, en général, au-dessus de 20°, opérer par rétrogradation et se servir des formules (8) et (9) pour calculer les valeurs de T de premier jet et par suite les volumes de rétrogradation. Pour la richesse $R = 8$ du vin, on trouve $t = 23°40$: c'est encore une température trop élevée, il faudra opérer encore ici par rétrogradation, surtout lorsque la température du vin sera peu élevée. Il en serait de même pour la richesse $R = 9$ jusqu'à la température 14 à 15°. En ce point, en effet, avec cette richesse, l'on obtient sans rétrogradation la valeur $T = 52$ pour 100 implicitement comprise dans la formule, et la distillation pourra se faire de premier jet. Pour $R = 10$ on trouve $t = 4,70$, il faudrait donc, même pour cette richesse, et une température inférieure à 4°70, distiller avec une légère rétrogradation.

On peut voir que le vin qui, à zéro, donnerait du 52 pour 100 de premier jet, devrait avoir la richesse 10,4 pour 100. Ainsi tous les vins ayant une richesse supérieure devraient être ramenés, par le mouillage, à 10,4 pour 100, à zéro, ou à 10 pour cent et 4° 70, ou à 9 pour 100 et 14 à 15°. Mais comme il sera en général difficile de former par le mouillage à zéro ou même à 4° et 5°, des liquides à 10,4 pour 100 ou 10 pour 100 de richesse, et qu'il sera facile de former du 9 pour 100 à

14 ou 15° ; c'est cette richesse et cette température qu'il faudra viser dans le mouillage.

Lorsque les vins seront trop faibles et qu'on ne pourra pas, par le mouillage, rentrer dans l'un des cas précédents, on formera des mélanges à titres plus faibles, et l'on opèrera par rétrogradation.

Dans tous les cas, il ne faut pas oublier que la richesse 52 pour 100 adoptée pour le produit n'est pas ici arbitraire, c'est celle adoptée, dans nos contrées, pour l'eau-de-vie commerciale.

En m'appuyant sur les notions qui précèdent, j'ai formé le tableau (B) ci-joint, dont voici l'explication :

Dans la première colonne sont inscrites les richesses des vins. Dans la seconde, leur température à la sortie des foudres ou cuves. Dans la troisième, les richesses des produits que l'on obtient de premier jet, et qui sont nécessaires pour que la distillation soit possible. Dans la quatrième, sont les richesses des produits qui arrivent dans le chauffe-vin de premier jet et qui, par la rétrogradation, sont transformés en 52 pour 100, ou toute autre richesse T', et qui sont calculées par les formules (8) et (9). Dans la cinquième, est inscrite, pour mémoire, la richesse T' ou ici 52 pour 100. Dans la sixième, sont les volumes des vins (¹), d'après la formule (9). Dans la septième, j'ai inscrit les volumes de rétrogradation. Dans la huitième, sont les volumes de vinasse. Dans la neuvième, les volumes d'eau contenus dans le vin. Dans la dixième, les volumes d'eau contenus dans les produits à 52 pour 100, ce qui fera connaître, en ajoutant les valeurs d'alcool, les volumes des produits. La onzième colonne indique la moitié du volume aqueux qui vient de la chaudière et qui, par condensation, se mêle au volume descendant dans la colonne ; je n'ai pris que la moitié de ce volume total aqueux. La douzième renferme les volumes totaux d'eau qui se trouvent dans la colonne en présence du volume d'eau qui y est vaporisé, et les volumes totaux aqueux contenus dans la chaudière, en présence du volume d'eau qui y est également vaporisé ; ces volumes aqueux contenus dans la chaudière se composent du volume constant 400 litres, et des volumes variables de vinasse. Les treizième et quatorzième colonnes contiendront les rapports ou coefficients de vaporisation résultant de la comparaison des volumes vaporisés dans la colonne ou chaudière, avec les volumes

---

(¹) Pour une heure.

TABLEAU B *dont l'explication est donnée dans le texte.*

TITRES des vins R.	TEMPÉRATURE pour le vin, l'eau et l'air.	TITRES de premier jet.	VALEURS de T pour 1'	VALEURS de T'.	VOLUMES de vin distillés par heure.	VOLUMES de rétrogradation.	VOLUMES de vinasses.	VOLUMES d'eau contenus dans le vin	VOLUMES d'eau vaporisés contenus dans les produits à T'.	VOLUMES d'eau condensés venant de la chaudière réduits à la moitié	VOLUMES totaux d'eau dans la colonne	chaudière	VALEUR de φ.	PERTE dans la colonne.	VALEUR de φ.	PERTE dans la chaudière	PERTE TOTALE.	OBSERVATIONS.
1 p. °/₀	2	3	4	5 p. °/₀	6	7 litres.	8	9	10	11	12 litres.		13		14 p. °/₀		15 p. °/₀	
7	0°	37.76	40	52	521	21.08	450.1	484.53	54.70	46	552	850	0.10	0.23	0.11	0.22	5.06	
	5°	39.00																
	10°	41.26																
	15°	43.37																
	20°	45.30	46.2	52	651	11.00	563.4	605.43	52.90	46	620	963	0.08	0.30	0.098	0.24	7 à 8	
8	0°	42.00	43.25	52	533	16.6	451.00	490.36	56.00	46	553	851	0.10	0.23	0.11	0.22	5	
	5°	43.74																
	10°	45.77																
	15°	47.80																
	20°	50.00	50.33	52	680	3.40	575.40	625.60	53.60	46	675	975	0.08	0.30	0.095	0.24	7 à 8	
9	0°	45.9	46.85	52	545	10.40	450.70	496.00	55.65	46	552	850.70	0.10	0.23	0.11	0.22	5	
	5°	48.00																
	10°	50																
	15°	52.2	52.00	52	613	0.00	506.90	557.83	50.93	46	604	907	0.085	0.29	0.103	0.25	7.25	
10	0°	49.67																
	5°	52.00	52	52	591	0.00	473.35	531.90	54.55	46	577.9	878	0.0945	0.248	0.106	0.23	5.07	
11	0°	53.00																

aqueux qui s'y trouvent; les pertes d'alcool partielles qui en résultent s'y trouvent aussi inscrites, d'après le tableau des vaporisations. Enfin la quinzième colonne contiendra les produits des pertes partielles de chaque compartiment, colonne et chaudière, et, par conséquent, la perte totale. Cette perte totale s'élève en moyenne à 6 ou 6 1/2 pour 100.

C'est surtout ce résultat que je voulais constater.

Tous les vins que l'on peut avoir à distiller seront compris entre 7 et 11 pour 100, ou pourront être et devront être ramenés par le mouillage à ces richesses, et leurs températures seront aussi comprises entre 0° et 20°; je n'ai donc pas étendu plus loin les recherches dont les résultats sont consignés dans le tableau dont il s'agit.

CHAPITRE IX

(24) On vient de comprendre l'importance de la question du mouillage des liquides alcooliques, c'est-à-dire de la transformation d'un liquide d'une certaine richesse à une température donnée en un liquide d'une richesse plus faible appréciée à la température de 15°.

On fera ce mouillage, soit avec de l'eau ayant une température connue, soit avec un liquide alcoolique à une richesse plus faible, dont la température sera également connue. Le second procédé doit évidemment dépendre d'appréciations plus compliquées.

Examinons d'abord le premier moyen :

Soient 100 volumes d'un liquide à la richesse 0,01 T, pour laquelle on connaît la contraction c, c'est-à-dire le nombre de centièmes du volume primitif dont s'est contracté le volume réel; le volume réel primitif était donc $100 (1 + c)$; ce volume sera supposé à la température de 15°. Le volume d'eau de ce premier produit est donc $100 (1 + c) - T$. Le volume, après le mouillage pour la contraction c' relative au nouveau produit dont la richesse doit être 0,01 T', sera (art. 12) $\dfrac{100\,T}{T'} (1 + c')$

et le volume d'eau qu'il renferme $100 \dfrac{T}{T'} (1\,c') - T$. Le volume d'eau additionnel sera, par conséquent, $100 \dfrac{T}{T'} (1 + c') - T - 100 (1 + c) + T,$

ou $100\,\dfrac{\mathrm{T}}{\mathrm{T}'}\,(1+c')-100\,(1+c)$. Ce volume est un volume d'eau que nous supposons à la température de 15°, quant à sa valeur en litres, si le litre a été pris pour unité de volume, mais doit être réellement à une température voulue, x par exemple. Soit donc x la température ou nombre de degrés que doit avoir le volume additionnel pour arriver à une température de mouillage donnée, 15° par exemple.

Il faudra que le nombre de calories que renferme cette eau ajoutée, plus le nombre de calories que renferme le produit primitif, soit égal au nombre de calories renfermées dans le mélange supposé à 15°.

Or, le premier volume, celui qu'il faut mouiller, n'est pas de l'eau. S'il était formé simplement d'eau, le nombre de calories qu'il renfermerait serait $100\,t$, en admettant que t exprime sa température. A cause de la nature du liquide, ce nombre de calories sera $100\,t$ multiplié par un coefficient z, que nous apprendrons à déterminer. De même le mélange devra renfermer une nombre de calories exprimé par $100\,\dfrac{\mathrm{T}}{\mathrm{T}'}\,.\,15\,.\,z'$. z' étant un coefficient différent de z, mais de même nature.

On aura donc en général :

$$x\left\{\,100\,\frac{\mathrm{T}}{\mathrm{T}'}\,(1+c')-100\,(1+c\right\}+100\,tz=100\,\frac{\mathrm{T}}{\mathrm{T}'}\,.\,15\,.\,z'\;;$$

d'où

$$x=\frac{100\,\dfrac{\mathrm{T}}{\mathrm{T}'}\,.\,15\,.\,z'-100\,tz}{100\,\dfrac{\mathrm{T}}{\mathrm{T}'}\,(1+c')-100\,(1+c)}\quad(13).$$

Cherchons les valeurs de z ou z' :

La densité de l'alcool est 0,802 à 15°, c'est-à-dire qu'à cette température un litre d'alcool pèse $0^{k}802$. Mais la chaleur spécifique de l'alcool est 0,6148 ; donc, à partir de 15°, un litre d'alcool, ou $0^{k}802$ d'alcool, pour être élevé d'un degré de température, absorbe $0,802 \times 0,6148$, ou à très peu près 0 calorie 50. Ce qui veut dire que, dans ces conditions, et par rapport au nombre de calories qu'absorbe un litre d'alcool, on peut le considérer comme $0^{k}50$ d'eau. Ainsi, si l'on a un volume V d'un liquide alcoolique à la richesse 0,01 R, et contenant, par conséquent, $0,01$R V alcool, le volume d'eau réel sera V $(1+c)-0,01$R V ou V$(1+c-01$R$)$, ce sera aussi le poids réel de l'eau contenu dans le volume V ; et si cette eau est élevée à la température n, elle aura absorbé

$n\mathrm{V}(1 + c - 0{,}01\mathrm{R})$ calories; mais, sous ce rapport, l'alcool $0{,}01\mathrm{RV}$ peut être représenté par $\dfrac{0{,}01}{2}\mathrm{R\,V}$, en poids d'eau, qui aura absorbé, de son côté, $n\,\dfrac{0{,}01}{2}\mathrm{R\,V}$ calories. L'ensemble des calories sera donc :

$$n\mathrm{V}\left(1 + c - \frac{0{,}01}{2}\,\mathrm{R}\right);$$

le facteur $\left(1 + c - \dfrac{0{,}01}{2}\,\mathrm{R}\right)$ est précisément le coefficient z ou z', qui varie avec c et R, dont nous connaissons la signification.

Pour
$$\mathrm{R} = 5 = 10 = 20 = 50,$$

l'on a
$$c = 0{,}0031 = 0{,}0072 = 0{,}0172 = 0{,}03745 \ (\text{Note art. } 1^{er}),$$

d'où
$$z = 0{,}9781 = 0{,}9572 = 0{,}9172 = 0{,}78745.$$

Faisons maintenant quelques applications des notions qui précèdent, afin d'en contrôler l'exactitude, ou d'en déterminer le véritable sens.

Supposons d'abord qu'il s'agisse de transformer du 70 pour 100 en 45 pour 100, et prenons un volume de 100 litres à 70 pour 100.

Dans ce cas,
$$c = 0{,}0344 \text{ et } c' = 0{,}0364.$$

L'on aura donc pour trouver le volume d'eau additionnel :

$$100\,\frac{70}{45}\,(1{,}0364) - 100\,(1{,}0344) = \text{volume cherché.}$$

L'on trouve 57,78 pour 100 volumes. M. Gay-Lussac a trouvé 578 pour 1000 volumes. Ces résultats peuvent être considérés comme identiques.

On a par exemple 100 litres d'un vin qui, à $10°$ de température, accuse un degré alcoométrique 12,3, en regard de 10, et dans la colonne 12, on trouve, dans la table des *forces réelles,* de M. Gay-Lussac, 12,70; ajoutant les 0,30 on trouve, pour force réelle, 13 à $15°$. Mais dans cette même table, on voit que 1000 volumes à $10°$ font 1001 à $15°$. Pour cent, qui est le nombre de volumes que je prends pour base, on aura 100 à $10°$ et 100,1 à $15°$. Il faudra donc que si l'on désigne par r, ce que M. Gay-Lussac a nommé richesse, on ait :

$$100 \cdot 1 + \frac{13}{100} = 100 \cdot \frac{r}{100}$$

d'où

$$\frac{1301,3}{100} = 100 \cdot \frac{r}{100};$$

d'où

$$r = 13,013,$$

ce sera la richesse que nous prendrons égale à 13.

Il s'agit de transformer ce vin en un liquide dont la richesse soit 9 pour 100 à la température 15°.

Nous trouvons d'abord que $c = 0,01008$ et $c' = 0,0064$ à très peu près. Nous trouvons aussi, d'après la règle établie ci-dessus, que $z = 0,94508$ et $z' = 0,9614$.

Cela établi et supposant d'abord les liquides à 15°, on calcule le volume additionnel, qui sera 44 litres 36. On calcule alors x en écrivant dans l'équation (13), en place de $c\,c'\,z\,z'\,t$ leurs valeurs; t est ici égal à 10. x doit être égal à 25°64.

J'ai formé le tableau ci-joint en prenant ces principes pour base. Il ne faut pas confondre les valeurs que j'ai désignées par z et z' avec les densités des liquides alcooliques; à cause de la densité, mais aussi de la chaleur spécifique de l'alcool, un litre de vin à 13 pour 100 et à 9 pour 100 absorbera, pour être élevé d'un degré de température, la quantité de chaleur qu'absorberait 0^k94508 d'eau pour le premier cas, et 0^k9614 pour le second, ou, si l'on veut, 0 calorie 94508 et 0 calorie 9614. Les densités sont 0,985, 0,988. (AA.)

A 20° de température pour le vin, il n'est plus possible, avec l'eau qu'on a en général à sa disposition, d'obtenir, avec les vins dont il s'agit ici, des mélanges ayant 15° de température et une richesse de 9 pour 100. Alors, l'on ne doit plus avoir en vue cette richesse, mais bien un degré de température s'écartant peu de 15, 17 ou 18 par exemple. J'explique dans la colonne d'observations la méthode que j'ai suivie à cet égard et celle aussi qui est relative au mouillage du vin à 10 pour 100 de richesse, et qui est à la température inférieure de 0 ou 5°.

Ce tableau pourra servir de guide au distillateur tontes les fois qu'il aura à traiter un vin trop riche, en vue d'obtenir, de premier jet, la richesse adoptée pour le produit et que la distillation livrée à elle-même le conduirait à une richesse trop élevée. La température du liquide sortant du chauffe-vin serait alors trop basse, il y aurait trop de chaleur employée en réchauffement dans la colonne et par conséquent une

TABLEAU des volumes d'eau ou vinasse à diverses températures, qu'il faut mêler à 100 litres des vins ayant des richesses comprises entre 13 et 10 °/o d'alcool, et des températures depuis 0 jusqu'à 20° pour obtenir par la distillation le titre 52 °/o, soit de premier jet, soit au moyen d'une légère rétrogradation

RICHESSE des vins à 15°.	TEMPÉRATURE des vins.	VALEUR de Z.	VALEUR de Z'.	Contraction C.	Contraction C' relative à richesse de 8 à 9 °/o.	VOLUME d'eau ou vinasse additionnel.	TEMPÉRATURE des volumes additionnels.	RICHESSE après le mouillage.	TEMPÉRATURE après le mouillage.	Observations.
p. 0/0. 13	0°	0.94508	0.9614	0.01008	0.0064	44¹ 36	46° 91	p. 0/0. 9.00	15°	Pour le mouillage (*a*), il n'est plus possible de résoudre la question avec un mélange d'eau en vue de la température 15° et de la richesse 9 °/o, parce qu'on ne pourrait pas, en général, trouver de l'eau assez froide. Alors on se propose de faire un mélange dépassant peu 15° avec de l'eau à 10°, qui est celle qu'on pourra se procurer dans la pratique. Il faudra donc que les 100 volumes ou les 94°9, considérés comme de l'eau, multipliés par 20, leur température, plus 10X, c'est-à-dire 10 fois le volume additionnel cherché, divisés par 94°9 + x, soient égaux à la température adoptée; j'ai pris ici 17° : l'on trouve $x = 40°50$, et la richesse est alors 9.05 °/o. Cette observation s'applique aux mouillages (*b*) et (*c*).
	5°	id.	id.	id.	id.	id.	36° 30	id.	id.	
	10°	id.	id.	id.	id.	id.	25° 64	id.	id.	
	15°	id.	id.	id.	id.	id.	15° 00	id.	id.	
	20°	id.	id.	id.	id.	40.50	10° 00	9.05	17° (*a*)	
12	0°	0.949	0.9614	0.00902	0.0064	33.28	58° 10	9.00	15°	
	5°	id.	id.	id.	id.	id.	43° 88	id.	id.	
	10°	id.	id.	id.	id.	id.	29° 60	id.	id.	
	15°	id.	id.	id.	id.	id.	15° 00	id.	id.	
	20°	id.	0.9633	»	0.0054	40.67	10° 09	8.33	17° (*b*)	Pour les mouillages (*d*) et (*e*), on doit envisager la question d'un autre point de vue. Je me suis proposé d'obtenir la température 15° avec de l'eau ou vinasse à 80; il sera possible mais difficile de trouver ou plutôt d'avoir à sa disposition un liquide plus chaud. On dit alors 80x plus le nombre de calories contenues dans les 100 litres, c'est-à-dire ici les 95°72 divisés par 95,72 + x, doivent être égaux à 15°. L'on trouve 23°09 et 14°72; pour les températures initiales, 0° et 5°; les richesses sont alors 8.19 °/o et 8.71 °/o. Si la richesse ainsi rabaissée est trop faible, il faudra distiller avec rétrogradation.
11	0°	0.95316	0.9614	0.00816	0.0064	22.19	78° 50	9.00	15°	
	5°	id.	id.	id.	id.	id.	57° 90	id.	id.	
	10°	id.	id.	id.	id.	id.	36° 90	id.	id.	
	15°	id.	id.	id.	id.	id.	15° 00	id.	id.	
	20°	id.	0.9649	id.	0.00577	23.83	10° 00	8.18	18°	
10	0°	0.9572	0.9647	0.0072	0.00578	22.09	80° 00	8.19	15° (*d*)	
	5°	id.	0.9626	id.	0.00620	14.72	80° 00	8.71	15° (*e*)	
	10°	id.	0.9614	id.	0.0064	11.09	58° 46	9.00	13°	
	15°	id.	id.	id.	id.	11.09	15° 00	id.	id.	
	20°	id.	0.96354	id.	0.00604	10.64	10° 00	8.50	19° (*c*)	

vaporisation moins complète que celle qu'on pourrait avoir en opérant avec un vin moins riche. On abaissera donc la richesse du vin par le mouillage, et dans la pratique il suffira de former, par un mélange d'eau ou de vinasse, un liquide ayant une température de 15°, si cela est possible, ou bien un liquide dont la température ne s'éloignera pas trop de 15°. Pour cela, le distillateur aura à sa disposition de l'eau à 10° ou de la vinasse à 80°. Tenant alors compte du volume aqueux ajouté et connaissant d'avance la richesse du vin, il appréciera la richesse nouvelle et saura s'il doit obtenir le titre final soit de premier jet, soit par rétrogradation. L'essentiel sera de faire sortir du chauffe-vin le liquide le plus chaud possible, en profitant des avantages que les dispositions de l'appareil pourront mettre sous sa main. Quelquefois des vins, à richesses ainsi réduites, peuvent produire le titre final au premier jet, alors qu'il aurait dû résulter d'une rétrogradation plus ou moins grande; là serait le danger.

Depuis une vingtaine d'années, la distillation a été singulièrement perfectionnée, dans nos contrées, par l'application qui a été faite aux appareils de régulateurs du feu et du vin [1]. Cette distillation est d'ailleurs exécutée par des appareils locomobiles, conduits par des entrepreneurs qui ont tout intérêt à procéder rapidement, puisqu'ils sont payés à la pièce. Il est bien vrai que les régulateurs dont il vient d'être question, maintiennent dans des limites assez raisonnables l'impatience intéressée des distillateurs, mais il faut dire aussi que ces régulateurs maintiennent surtout l'opération dans des termes qui ne s'écartent pas sensiblement du point de départ; seulement, ce point de départ devrait être choisi surtout en vue de l'intérêt du propriétaire et non pas exclusivement de celui du distillateur.

Le dernier mot n'est donc certainement pas dit touchant l'importante industrie de la distillation. Les appareils doivent être encore l'objet de grands perfectionnements.

Ces appareils sont assurément fort commodes, mais laissent bien souvent le distillateur désarmé. Ils se refusent à tout retour vers la colonne ou tout autre point utile, du liquide de rectification opérée dans le chauffe-vin et qui doit être soumis à une seconde distillation. Ils n'ont aucune disposition pour introduire dans l'opération un moyen

---

[1] Dus particulièrement à l'initiative et invention de M. Rivière, habile fabricant d'appareils et distillateur à Eauze (Gers).

de refroidissement, soit par l'air, soit par l'eau, qui devrait aider le vin à détruire la chaleur. On sait qu'un vin quelconque est insuffisant pour détruire la chaleur qu'il faudrait nécessairement développer pour la distillation complète de ce vin. Si le distillateur avait de pareils moyens à sa disposition, il pourrait appliquer la chaleur venant du foyer et de la chaudière à une moins grande quantité de vin et agir par conséquent plus énergiquement et plus complètement sur ce volume de vin ainsi réduit. Sans doute, le distillateur ferait moins de pièces dans un temps donné, mais le but n'est pas l'unique intérêt du distillateur, mais aussi bien, évidemment, de tirer le plus grand parti du vin que le propriétaire met à sa disposition. En se tenant dans des limites raisonnables tous les intérêts pourraient être sauvegardés.

Quant aux procédés, il est évident qu'il faudrait avant tout essayer les vins que l'on doit distiller, afin de savoir ce que l'on doit faire dès le début et ne pas l'apprendre par une épreuve plus un moins prolongée au détriment du vin lui-même. Les distillateurs devraient aussi s'astreindre à faire un usage fréquent du thermomètre dans leurs appréciations de températures soit du vin, soit de l'eau ou vinasse employées au mouillage, soit de la température, qu'il est si important de connaître, du liquide sortant du chauffe-vin et entrant dans la colonne. Sans doute ils acquièrent, par la pratique, une grande finesse de tact, mais ils peuvent aussi, par ce moyen trop rustique, commettre des erreurs funestes et irrémédiables. Je ne saurais trop le redire, tout est question de température dans la distillation ; il faut donc en suivre les détours avec l'instrument qui sert à apprécier les températures : le thermomètre.

Je dois aussi dire un mot du mouillage que l'on aurait à faire d'un liquide alcoolique de richesse et température connues, avec un liquide alcoolique de richesse et température connues pour former un troisième liquide de richesse et température données. J'ai parlé de cette question et je dois indiquer au moins une solution sommaire touchant ce sujet ; je dis sommaire, parce que l'on aura rarement à faire une semblable opération.

Soient 100 litres ou volumes d'un liquide à la richesse $0,01\,T$ et température t. On a un liquide à la richesse $0,01\,T'$ et température t', il faut avec les deux former un liquide de la richesse $0,01\,T''$ à la température t'' ; soient z, z', z'' les coefficients que j'appellerai de calorification et relatifs à chaque liquide ; soient aussi c, c', c'' les contractions de ces liquides ;

Soient enfin x le volume du liquide à $0,01\,T'$ qu'il faut mêler avec le premier pour obtenir le troisième et y la température que doit avoir ce volume x pour atteindre le but proposé dans le mouillage :

L'on doit avoir :

$$\left(\frac{100\,T + x\,T'}{T'}\right)(1 + c^v) = 100\,(1 + c) + x\,(1 + c').$$

On trouve :

$$x = \frac{100\left\{T\,(1 + c^v) - T''\,(1 + c)\right\}}{T''\,(1 + c') - T'\,(1 + c^v)}.$$

On trouvera aussi aisément :

$$y = \frac{(100 + x)\,z''\,t'' - 100\,z\,t}{x\,z'},$$

t' est implicitement compris dans y.

On voit d'abord que pour x positif il faut que $100\,T\,(1 + c^v)$ et $T''\,(1 + c')$ soient tous les deux plus grands ou plus petits que $T''\,(1 + c)$ et $T'\,(1 + c^v)$.

On peut aussi discuter aisément toutes les conditions relatives à y. Je prendrai un seul exemple.

On a du $70 = T$ à $10° = t$, on veut le transformer en $65 = T''$ à $15° = t''$ avec du $25 = T'$ à $17° = t'$.

Pour ces trois richesses on a :

$$c = 0,0344,$$
$$c' = 0,0224,$$
$$c^v = 0,03615.$$

D'où il suit que

$$z = 0,6844, \quad z' = 0,8974, \quad z^v = 0,7112.$$

L'on aura d'abord :

$$x = 13^l04,$$

et puis :

$$y = 44°60.$$

Je terminerai ici ces recherches sur la distillation et les appareils distillatoires. J'ai dû leur donner une forme abstraite pour justifier les résultats auxquels je suis arrivé, résultats qui intéresseront peut-être quelques-uns de mes lecteurs. Ce mode de raisonnement sera d'ailleurs intelligible pour la plupart d'entre eux. Je désire seulement que les propriétaires vinicoles étudient de leur côté et fassent mieux que moi. Cette question technique des appareils distillatoires doit être résolue. Tous ces détails, tous ces appareils qui servent à la préparation et à l'appréciation des choses qui concernent l'alcool doivent être compris et connus de ceux qui s'occupent de l'industrie alcoolifère. Ils doivent voir et comprendre par eux-mêmes et ne plus s'en rapporter en aveugles à ce qu'on leur dit et ce qu'on leur présente.

A la vérité, j'ai choisi un mauvais moment pour appeler l'attention publique sur la question de la distillation des vins. Nos produits alcooliques sont, en effet, frappés de stérilité par les droits intolérables et presque complètement prohibitifs qui les atteignent. La distillation de nos vins tend à être mise au rang de ces industries dont on conserve un souvenir vague, mais qui n'ont plus raison d'être parmi les hommes. On nous dit : il faut de l'argent ; mais est-ce bien là qu'il faut frapper pour en trouver ? On nous dit : il faut protéger la santé publique, très bien encore ; mais alors restreignez l'usage des allumèttes, de crainte d'incendies ; mais alors n'offrez pas au public, et sous toutes les formes, l'appât du tabac dont l'abus est assurément funeste. Ces raisons sont mauvaises ; dites qu'il est commode de doubler, d'un coup de plume, les droits et surtaxes qui frappent nos produits ; c'est facile, à merveille, mais en attendant vous éventrez peut-être la poule aux œufs d'or et vous portez le trouble et la ruine au sein de populations qui, elles aussi, ont le droit, je le pense, de vivre sur le sol de la France.

Les temps deviendront sans doute meilleurs, et alors si mon petit travail se retrouve dans quelque coin, peut-être pourra-t-on y découvrir quelque chose d'utile. Cela doit me suffire.

NOTES

—

Note 1. — Si l'on a un vin à 15° de température centigrade, et qu'on distille 100 parties de ce vin sur 300, on connaîtra, au moyen d'un thermomètre centigrade et de l'alcoomètre centésimal de M. Gay-Lussac, la force réelle de ce produit d'après la table du même auteur.

Ces 100 parties distillées augmenteront ou diminueront de volume en les ramenant à 15°, suivant que la température du produit sera au-dessous ou au-dessus de 15° degrés centigrades ; c'est évident.

Si l'on trouve, par exemple, après la réduction tabulaire, la force réelle égale à 36 %, il est clair que pour avoir le vrai volume d'alcool contenu dans 300 parties, il faudra multiplier par 0,36 le volume augmenté ou diminué, et puis prendre le tiers du résultat pour connaître la force réelle, pour cent, du vin essayé. C'est l'ensemble de ces sortes de produits, tout calculés, qui constitue la *Table des richesses* de M. Gay-Lussac.

En général, un semblable essai suffira ; mais, dans certains cas, si l'on voulait une plus grande exactitude, on pourrait faire usage alors de la règle des 30 % du volume d'eau vaporisé.

Note 2. — Ces considérations sur la différence de température qui existe entre le liquide émissif et la vapeur émise, à saturation, peuvent avoir leur utilité, et j'ai dû en parler ; mais le rôle de cette différence n'étant pas suffisamment défini, je n'en ai pas tenu compte dans l'établissement des conditions d'équilibre qui lient les éléments de la distillation.

TABLE DES MATIÈRES

Bordeaux. — Imp. G. GOUNOUILHOU, rue Guiraude, 11.

9 782019 961282